全国中小学知识产权教育丛书

★钟南山创新奖★

轻松发明

读本(一)

罗凡华　著

EASY

INVENTION

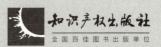

知识产权出版社

全国百佳图书出版单位

图书在版编目（CIP）数据

钟南山创新奖轻松发明读本. 一/罗凡华著. —北京：知识产权出版社，2016. 12

（全国中小学知识产权教育丛书）

ISBN 978 - 7 - 5130 - 4665 - 7

Ⅰ. ①钟… Ⅱ. ①罗… Ⅲ. ①创造发明—青少年读物 Ⅳ. ①G305 - 49

中国版本图书馆 CIP 数据核字（2016）第 321933 号

内容提要

本书是经过全国样本实验的课题研究成果，是作者对"轻松发明"理论研究与教学实践的结晶，具有广泛的借鉴和指导意义。书中第一篇是关于钟南山创新奖公益活动的介绍；第二篇是轻松发明课程，共有 6 章，每章设有多个教学单元，实施模块化教学。本书可作为全国中小学发明创造课读本，知识产权教育竞赛活动手册，适合中小学发明课教学使用，亦适合发明爱好者自学。

责任编辑：段红梅	责任校对：谷 洋
执行编辑：高 鹏	责任出版：刘译文

钟南山创新奖轻松发明读本（一）

罗凡华 著

出版发行：	知识产权出版社 有限责任公司	网 址：	http：//www. ipph. cn
社 址：	北京市海淀区西外太平庄 55 号	邮 箱：	100081
责编电话：	010 - 82000860 转 8119	责编邮箱：	duanhongmei@ cnipr. com
发行电话：	010 - 82000860 转 8101/8102	发行传真：	010 - 82000893/82005070/82000270
印 刷：	北京嘉恒彩色印刷有限责任公司	经 销：	各大网上书店、新华书店及相关专业书店
开 本：	787mm × 1092mm 1/16	印 张：	6. 25
版 次：	2016 年 12 月第 1 版	印 次：	2016 年 12 月第 1 次印刷
字 数：	100 千字	定 价：	50. 00 元

ISBN 978-7-5130-4665-7

《全国中小学知识产权教育丛书》编委会

丛书主编：

罗凡华：教育部主管中国智慧工程研究会副秘书长、北京钟南山创新公益基金会秘书长、国家知识产权战略专家组成员、《轻松发明》系列教材主编

丛书副主编：

刘春田：中国人民大学教授、国家知识产权战略专家组成员

张　平：北京大学教授、国家知识产权战略专家组成员

孙国瑞：北京航空航天大学教授、国家知识产权战略专家组成员

徐　瑄：暨南大学教授、国家知识产权战略专家组成员

王思悦：山东大学教授

高云峰：清华大学教授

张景焕：山东师范大学教授

安永军：北京钟南山创新公益基金会执行理事长、全国青少年冰心文学大赛组委会秘书长

作者介绍

罗凡华：男，1963年2月出生，"轻松发明"创始人，现任教育部主管中国智慧工程研究会副秘书长、北京钟南山创新公益基金会秘书长、《轻松发明》系列教材主编、德国纽伦堡国际发明展评委、国家知识产权战略专家组成员、教育部"创造力研究"课题组组长、教育部"教师在线教育"课题组组长。

创作并出版著作26部，累计1200万字，代表著作为《轻松发明》系列教材。曾受国家知识产权局、地方知识产权局、中国发明协会、地方发明协会、中央教科所、地方教科所、教育厅、科协、教育局、中小学校、大学、校外教育机构、香港教育统筹局、香港各大办学团体、香港国际交流中心、德国慕尼黑大学天才教育中心、美国企业峰会等机构邀请，多次作大型报告。

2003年，创立了轻松发明教育体系，国家知识产权局第三任局长王景川为《轻松发明》（知识产权出版社出版）教材作序，开启知识产权教育活动。

2003年，建议国家知识产权局与教育部联合推动知识产权试点学校，举办知识产权师资培训。

2006年，创办了中国青少年创意大赛暨知识产权宣传教育活动，担任组委会办公室主任，国家知识产权局第二任局长姜颖担任组委会主任委员，国家知识产权局第四任局长田力普批准由中华人民共和国国家知识产权局作为这项活动的主办单位之一，并拨款资助这项活动在北京人民大会堂举行。

2013年，钟南山院士批准中国青少年创造力大赛中设立"钟南山创新奖"。

2015 年，钟南山院士批准成立北京钟南山基金会，罗凡华任秘书长。

2015 年，在瑞士日内瓦世界知识产权组织总部，联合国世界知识产权组织副总干事王彬颖接见了罗凡华一行，并在罗凡华出版的著作《中国青少年知识产权读本》（知识产权出版社出版）上签字：希望罗凡华先生为世界知识产权教育做出更大贡献。

2016 年，中国发明协会第七次全国会员代表大会在北京人民大会堂召开，罗凡华参会，会议期间国家知识产权局局长申长雨充分肯定了罗凡华在知识产权教育领域起到的引领作用。

人生座右铭：锲而不舍，金石可镂。

前　言

发明创造有 5000 多年的历史，但发明创造成为中小学的一门课程，才刚刚起步 20 多年。时间虽短，但这门课程却影响巨大，每年有 150 万中小学生学习轻松发明课程。至今已有 10 万多名青少年在轻松发明课程指导下成功申请了国家专利。

作者通过多年的实践教学，结合自身工作经验和切实感悟，总结出以下三点。

（1）发明创造课的任务是教授发明方法与发明原理，培养创新思维，养成发明家行为模式。

（2）发明创造教育体系包括知识产权教育活动、课程、课题三大组成部分。

（3）发明创造要与世界同步，要在世界三大发明展中展示中国创造，立足世界，影响中国。

现今，在全国中小学中普及知识产权教育十分必要，也是国家发展的需要，我们一定要肩负起这一历史使命，致力于普及知识产权教育，培养创新型人才。而轻松发明课就是一种有效的载体。

本书的创造性——在作者已经出版的 26 部著作中，这一部教材是先进的，突破了常规教材的模式，采用教师讲发明课程与培养学生的发明创造意识相结合的教学法则，以培养创造力人才为目的，在培养学生创新精神的同时，提升学生的设计与动手能力。

本书的实用性——本书经过全球 1000 多所学校教学实践与运用,适合作为学校校本课程,同时配套教学课件、教学大纲、课题研究方案,形成较完整的发明创造课程体系。

2008 年 6 月 5 日,国务院颁布《国家知识产权战略纲要》,并要求"制定并实施全国中小学知识产权普及教育计划,将知识产权内容纳入中小学教育课程体系"。普及知识产权教育和创新型人才已成为实施国家知识产权战略的重要内容。经过在中小学知识产权教育方面的大量调研,对比了美国、日本、韩国、德国的知识产权教育,结合在全国中小学中开展的知识产权研究报告,提出了将知识产权内容纳入中小学教育课程体系的建议,得到了国务院的认可,并在《国家知识产权战略纲要》中得以体现。作者有幸参与了国家知识产权战略纲要的研究,提出了知识产权教育及轻松发明教育的重要性,得到了国家知识产权局局长的肯定。

本书在编写过程中,得到了钟南山院士的大力支持与鼓励,还得到了国家知识产权战略纲要研究组的成员与专家的指导,并且得到了广东省南山医学发展基金会的资助,同时全国一批创新名校的校长与名师也对本书长期鼎力支持。本书在出版过程中,要特别感谢知识产权出版社,在每个关键时期,知识产权出版社的段红梅编辑均给予作者最有力的帮助与引导,让这本书能顺利地与读者见面。作者在此一并表示衷心感谢!

罗凡华于北京钟南山创新公益基金会办公室

2016 年 12 月 7 日

目　录

附　录

第一篇

钟南山创新奖公益活动

第一章

钟南山创新奖的由来

钟南山创新奖是由钟南山院士于 2013 年批准同意在中国青少年创造力大赛中设立的一项专项奖，旨在鼓励青少年爱生活、爱创新、爱创造，钟南山创新奖及钟南山创新奖公益活动是中国青少年创造力大赛的重要组成部分，已经成为中国青少年创造力大赛的品牌标志。

北京钟南山创新公益基金会是由钟南山院士于 2015 年批准同意在北京市民政局注册成立的公益组织，旨在资助创新成果、资助创新人才、资助创新活动。

钟南山：1936 年 10 月生于南京，福建厦门人，中国工程院院士，教授、博士生导师。先后担任国家呼吸研究重点实验室主任，中华医学会呼吸分会主任委员，联合国世界卫生组织吸烟与健康医学顾问，国际胸科学会特别会员，亚太地区执委会理事，中华医学会会长，广州呼吸疾病研究所所长，广州市科协主席，广东省科协副主席，北京钟南山创新公益基金会名誉主席等职。主要从事高氧/低氧与肺循环关系研究，首批国家级有突出贡献专家，2003 年抗击"非典"先进人物，2016 年中国工程界最高奖项光华工程科技奖终身成就奖获得者。

第二章

中国青少年创造力大赛大事记

中国青少年创造力大赛的历史，也是中国知识产权教育的史诗，记录这段历史，有助于专家学者研究借鉴。在知识产权教育的道路上，国家知识产权局历任局长、联合国世界知识产权组织副总干事王彬颖、国家版权局副局长阎晓宏等一批领导直接支持，鼎力帮助，成为推动全国知识产权教育的重要力量；全国千百万青少年及辅导教师积极参与，成为知识产权教育的主力军；国家知识产权战略的出台，更是让知识产权教育有了政策依据。

2003 年：创立了轻松发明教育体系，国家知识产权局第三任局长王景川为《轻松发明》（知识产权出版社出版）教材作序，开启中国知识产权教育活动，罗凡华联合知识产权出版社建议国家知识产权局与教育部推动知识产权试点学校，举办知识产权师资培训。

2004 年：以普及知识产权教育为宗旨，以"全国发明创新教育体系"项目为基础，创建了中国少年儿童发明创造活动指导中心，罗凡华担任总指导。

2005 年：经全国人大常委会副委员长、中国科学院院士、中国工程院院士吴阶平同志批准，由中国科学技术发展基金会高士其基金管理委员会指导，罗凡华创办，并协调中国少年儿童发明创造活动指导中心、中国科学技术发展基金会、中国少先队事业发展中心共同举办了"首届中国少年儿童创新能力竞赛（高士其创新大奖赛）"。

2006 年：由罗凡华筹办并协调中国科学技术发展基金会联合中国教育学会

中育教育发展研究中心、中国教育学刊杂志社等单位在北京师范大学亚太实验学校举办了"第二届中国青少年高士其创新大赛暨科技创新夏令营"。中国教育学会与国家知识产权局同意主办"第三届中国青少年高士其创新大赛暨科技创新夏令营",并协商将"第三届中国青少年高士其创新大赛"更名为"首届中国青少年创意大赛暨知识产权宣传教育活动"。

2007 年:中国青少年创意大赛暨知识产权宣传教育活动成功举办,罗凡华担任组委会办公室主任,国家知识产权局第二任局长姜颖担任组委会主任委员,国家知识产权局第四任局长田力普亲自批准由中华人民共和国国家知识产权局作为这项活动的主办单位之一,并拨款资助这项活动在北京人民大会堂举行,明确活动官方网站为——中国创意网 www.china1847.com。7 月 24 日,"新新"杯首届中国青少年创意大赛暨知识产权宣传教育活动颁奖大会在北京人民大会堂举行,并发表了《中国青少年保护知识产权宣言》,全国政协副主席张怀西,全国人大常委、国家知识产权局第二任局长姜颖,国家知识产权局副局长林炳辉,中国教育学会会长顾明远等领导专家出席了颁奖大会并讲话,来自全国1500 多名师生代表参加了全国总决赛和颁奖大会。

2008 年:6 月,国务院公布《国家知识产权战略纲要》,要求"制定并实施全国中小学知识产权普及教育计划,将知识产权内容纳入中小学教育课程体系。"普及知识产权教育和培养创新型人才已成为实施国家知识产权战略的重要内容。所以,在全国中小学中普及知识产权教育十分必要,也是国家发展的需要,我们一定要肩负起这一历史使命。普及知识产权教育需要开展知识产权活动,中国青少年创造力大赛组委会致力于普及知识产权教育,培养创新型人才,轻松发明课就是一种有效的载体。7 月,中国教育学会、中国商标局、中国版权协会三家单位共同主办中国青少年创意大赛,在山东省烟台市鲁东大学举办了"第二届中国青少年创意大赛暨知识产权宣传教育活动全国总选拔赛",中国版权协会理事长沈仁干、常务副理事长杨德炎、副理事长刘春田、副秘书长刘义成、中国教育学会常务副会长郭永福、中国商标局周正处长等领导出席活动,来自全国 100 多所中小学的 1300 多人参加了比赛。11 月,在无锡市国际学校举办了"第二届中国青少年创意大赛总决赛",全国政协副主席张怀西、中国版权协会理事长沈仁干、常务副理事长杨德炎、副秘书长刘义成、中国教育学会会长顾明远、中国教育学会常务副会长郭永福等领导出席活动，来自全国60多所中小学的700多人参加了总决赛。

2009年：6月，由罗凡华主任提议，经国家版权局阎晓宏副局长批准，在国家民政局注册成立"中国版权协会教育委员会"，刘春田教授任负责人、主任委员，罗凡华任秘书长，中国版权协会教育委员会和中国青少年创意大赛组委会成为中国青少年创意大赛、中国大学生创意创业大赛的组织承办单位。7月，在山东省济南市历城二中举办了"第三届中国青少年创意大赛暨知识产权宣传教育活动总决赛"，全国政协副主席张怀西、中国版权协会理事长沈仁干、常务副理事长杨德炎、副秘书长刘义成、中国教育学会会长顾明远、中国教育学会常务副会长郭永福、国家环保部贾峰副司长、国家环保部宣教中心主任焦志延、山东省教育厅张志勇副厅长等领导出席活动，来自全国190多所中小学校的2500多人参加了总决赛。

2010年：7月，在时任国家主席胡锦涛同志的母校——江苏省泰州中学举办了"第四届中国青少年创意大赛暨知识产权宣传教育活动总决赛"，同时在上海举办了全国总选拔赛，与上海世博会联合举办了全国青少年畅游低碳世博会活动，全国政协副主席张怀西、中国版权协会理事长沈仁干、常务副理事长张秀平、副理事长刘春田、副秘书长刘义成、中国教育学会会长顾明远、中国教育学会常务副会长郭永福、国务院参事徐锭明等领导出席活动，来自全国200多所中小学的2700多人参加了总决赛。7月，为了将知识产权宣传教育活动覆盖到全国大学，在成功举办中国青少年创意大赛基础上，罗凡华提出举办"中国大学生创意创业大赛暨知识产权教育活动"，刘春田教授出面与中国高等教育学会副会长张晋峰协商后，中国版权协会、中国高等教育学会、中国教育学会签发批件，成立中国大学生创意创业大赛组委会，由罗凡华担任组委会秘书长，共同举办"中国大学生创意创业大赛暨知识产权教育活动"，与中国青少年创意大赛同步举办。2010年7月，在上海举办了"首届中国大学生创意创业大赛暨知识产权教育活动全国总决赛"，来自全国的30多所高校参加了首届总决赛。

2011年：7月，在湖北省襄阳市襄阳五中举办了"第五届中国青少年创意大赛暨知识产权宣传教育活动全国总决赛"，全国政协副主席张怀西、中国版权协会常务副理事长张秀平、副秘书长刘义成、中国教育学会常务副会长郭永福、中国教育学会秘书长杨念鲁、中华商标协会肖芸副秘书长、办公室那春燕主任等领导出席活动，来自全国 200 多所中小学的 3000 多人参加了全国总决赛。7 月，在湖北省襄阳市襄樊学院举办了"第二届中国大学生创意创业大赛暨知识产权教育活动全国总决赛"，来自全国 40 多所高校参加了总决赛。11 月，在香港成功举办了首届世界创意节和 2011 年中国青少年创意大赛交流年会，世界乒乓球冠军王楠亲临活动现场，与香港 7 家学校深入交流了创新教育。

2012 年：7 月，教育部主管中国智慧工程研究会主办，在重庆市渝北中学举办了"第六届中国青少年创造力大赛全国总决赛"以及"第三届中国大学生创意创业大赛暨知识产权教育活动全国总决赛"。

2013 年：5 月，由罗凡华起草，广东实验中学建议，钟南山院士同意，在中国青少年创造力大赛中设立一项专项奖——钟南山创新奖，此后钟南山创新奖成为中国青少年创造力大赛的重要组成部分，形成了中国青少年创造力大赛的品牌标志。7 月，依据中国科协关于全国青少年科技创新大赛届别组合原则，中国青少年创造力大赛从 2005 年至 2012 年，实际举办了 9 届，并启动了最新比赛形式，决定在广东实验中学举办"第九届中国青少年创造力大赛全国总决赛"，并首次引进德国纽伦堡国际发明展中国区选拔赛，启动了"钟南山创新奖公益活动"，活动名称为第九届中国青少年创造力大赛全国总决赛暨第六十五届德国纽伦堡发明展中国区选拔赛（第一届钟南山创新奖公益活动），活动由教育部主管的中国智慧工程研究会主办。

2014 年：7 月，在广东实验中学，成功举办了第十届中国青少年创造力大赛全国总决赛暨第六十六届德国纽伦堡发明展中国区选拔赛（第二届钟南山创新奖公益活动），钟南山院士出席活动，广东省教育厅等机构作为支持单位，活动由教育部主管的中国智慧工程研究会主办。

2015 年：4 月，在瑞士日内瓦联合国办公室，联合国世界知识产权组织副总干事王彬颖在罗凡华出版的著作《中国青少年知识产权读本》上签字：希望罗凡华先生为世界知识产权教育做出更大贡献。5 月，在广东实验中学，成功举办了第十一届中国青少年创造力大赛全国总决赛暨第六十七届德国纽伦堡发明展中国区选拔赛（第三届钟南山创新奖公益活动），钟南山院士出席活动，广东省教育厅、广东省科协等机构作为支持单位，活动由教育部主管中国智慧工程研究会主办。8月，经钟南山院士批准成立"北京钟南山创新公益基金会"，由钟南山院士担任名誉理事长、罗凡华担任专职秘书长、安永军担任执行理事长，开启中国青少年知识产权教育公益化时代。

2016年：4月，教育部主管的中国智慧工程研究会、北京钟南山创新公益基金会与吴忠市人民政府联合主办了第十二届中国青少年创造力大赛西部赛区邀请赛，重启全国创新名校联盟。5月，在广东实验中学，成功举办了第十二届中国青少年创造力大赛全国总决赛暨第六十八届德国纽伦堡发明展中国区选拔赛（第四届钟南山创新奖公益活动），德国纽伦堡国际发明展主席专程抵达广州出席大赛，广东省教育厅等机构作为支持单位，活动由教育部主管的中国智慧工程研究会和北京钟南山创新公益基金会主办。5月，中国发明协会第七次全国会员代表大会在北京人民大会堂召开，罗凡华参会，会议期间国家知识产权局局长申长雨充分肯定了罗凡华在知识产权教育领域起到的引领作用。

第三章

中国青少年创造力大赛章程

章程是活动的规则，更是活动的方向和权限，是活动发展的根本。本章程是在多年实践的基础上提炼提升而来，已经成为全国各地创造力活动的参考标准。

中国青少年创造力大赛章程

第一章 总 则

第一条 宗旨目的

为了展示青少年创造力成果，促进中国青少年创造力与世界科技同步发展，培养国际化创新型人才，修订本章程。

第二条 活动名称

中国青少年创造力大赛（英文名称 China Youth Creativity Competition，以下简称 CYCC），是青少年创造力活动的总称，形成了 CYCC 活动体系与品牌。CYCC活动体系包括以下项目：

中国青少年创造力大赛及其赛区活动、全国总决赛；

德国纽伦堡国际发明展（简称 iENA）中国区选拔赛及其赛区活动、全国总决赛、中国创新代表团赴德国参加德国纽伦堡国际发明展活动；

世界创意节活动；

钟南山创新奖,及其赛区活动、全国总决赛;

教育部"创造力研究"课题研究论坛及其子课题研究活动;

全国创新名师大会;

全国创新名校大会;

全国创新名校联盟。

中国青少年创造力大赛总决赛活动名称:德国纽伦堡国际发明展中国区选拔赛暨中国青少年创造力大赛全国总决赛(钟南山创新奖公益活动)。

第三条 创办历史

中国青少年创造力大赛由中国高士其创新大奖赛(中国科普最高荣誉奖)、中国青少年创意大赛三次更名而来,由全国人大副委员长、中国科学院院士、中国工程院院士吴阶平倡议,全国轻松发明创始人罗凡华设计并创办于 2005 年 6 月 1 日。

第二章 组织机构及其职责

第四条 主办单位

大赛主办单位为教育部主管、民政部注册的中国智慧工程研究会和北京钟南山创新公益基金会。职责是:审定大赛章程和规则,负责大赛的计划组织,对获奖者进行表彰和奖励,指导各地大赛的开展。

第五条 组织单位

大赛由中国青少年创造力大赛组委会负责组织与实施,大赛组委会职责是:起草和修订大赛章程和规则,提出大赛活动方案,并负责大赛的组织实施,筹集与管理活动经费。

第六条 赛区承办单位

由大赛组委会与大赛赛区承办单位签订合同,依据合同内容履行合同义务,享有合同权利。

第七条 总决赛承办单位

由大赛组委会与大赛总决赛承办单位签订合同,依据合同内容履行合同义务,享有合同权利。

2013 年至 2022 年中国青少年创造力大赛全国总决赛承办单位合同已经签订，总决赛承办单位是广东实验中学。

大赛组委会与大赛总决赛承办单位职责是：提出大赛总决赛活动方案，并负责大赛总决赛的组织实施。

第八条　组委会

每届大赛设立组织委员会，由主办单位、组织单位、总决赛承办单位共同协商组成，组织委员会包括荣誉科学顾问、荣誉顾问、顾问、主任、副主任、委员、秘书长、副秘书长。组织委员会下设秘书处，由秘书长具体负责当届大赛的组织实施。

顾问：

中国工程院院士钟南山

主任：

北京钟南山创新公益基金会秘书长罗凡华

副主任：

中国智慧工程研究会副会长杨克强

广东实验中学顾问郑炽钦

委员：

中国人民大学知识产权学院院长刘春田

北京大学知识产权学院常务副院长张平

教育部"创造力研究"课题负责人张景焕

北京航空航天大学法学院常务副院长孙国瑞

山东大学发明教研室主任王思悦

中国科技馆馆长王渝生

香港国际交流基金会主席阮文海

《中国发明与专利》杂志社主编彭耀林

《少年发明与创造》杂志社主编杨志文

中央电视台《我爱发明》制片人王宁

中央电视台《异想天开》制片人梅龙

秘书长：

北京钟南山创新公益基金会秘书长罗凡华（兼）

副秘书长：

北京钟南山创新公益基金会执行理事长安永军

第九条　评委会

每届全国大赛设立评审委员会，由组委会聘请相关学科具有高级职称的专家组成。评审委员会设主任一名，副主任若干名，委员若干名。全国评审委员会根据本章程和评审规则独立开展评审工作。

第十条　监督委

每届全国大赛设立评审监督委员会，由组委会聘请相关学科具有高级职称的专家组成。评审委员会设主任一名，副主任若干名，委员若干名，对大赛评审工作进行监督和提出处理意见。

第三章　活动内容

第十一条　项目审定

全国总决赛设立各类项目，赛区比赛项目必须与总决赛项目一致。每年由组委会负责审定发布与实施。

第十二条　展示类项目

第十三条　竞赛类项目

第十四条　教师类项目

第十五条　评选类项目

第十六条　活动类项目

第四章　组织管理

第十七条　组委会依据《章程》组织实施全国大赛，并对省级、市级、县级大赛（简称区域大赛）进行管理指导。

第十八条　区域大赛是创造力大赛的联系赛事，由各地相关单位得到组委会授权后，会同各相关部门，根据各地的实际情况参照全国竞赛《章程》制定区域级竞赛规则，并按照规则组织竞赛。

第十九条　各级大赛组织管理工作必须坚持规范、公开、公平、公正的原则。

第二十条　全国总决赛大赛每年举办一届，总决赛于每年举办，地点设在广东实验中学。

第二十一条　组委会每年第一季度印发全国大赛通知，公布申报名额。各级组织机构须按照分配名额及有关要求择优推荐项目参加全国大赛。

第五章　竞赛规则

第二十二条　组委会根据全国创造力大赛活动内容，制订各项竞赛规则。

第二十三条　参赛者向主办单位提交作品即表示其自愿按照本《章程》规定参加全国大赛的活动，其所有的参赛行为都受本章程的约束。参赛青少年和科技辅导员等必须服从评审委员会的决议，否则将取消有关获奖资格。

第二十四条　知识产权保护

1. 参赛者申报的项目不得侵犯其他第三方的专利权、著作权、商标权、名誉权或其他任何合法权益。

2. 参赛者申报的项目所包含的任何文字、图片、图形、音频或视频资料，均受版权、商标权和其他所有权的法律保护，未经参赛者同意，上述资料不得公开发布、播放。

3. 大赛组委会有权对参赛项目进行作品汇编的出版、发行以及授权出版社进行公益使用等。

第二十五条　免责声明

1. 对于因不可抗力或不能控制的原因影响到全国大赛的举办，主办单位不承担任何责任。

2. 为了维护参赛者的合法权益，参赛者应在参赛前向有关部门申请知识产权方面的保护。否则，由此给参赛者造成的损失，主办单位不承担任何法律责任。

3. 因参加全国大赛而产生的法律后果（包括但不限于侵犯第三人专利权、著作权、商标权、肖像权、名誉权和隐私权等）由参赛者自行承担，主办单位对此不承担任何法律责任。

附 则

第二十六条 本《章程》由组委会和组织单位负责解释，于 2015 年 12 月 8 日发布并实施。

第四章

中国青少年保护知识产权宣言

这是一个以自主创新为生存发展之根本的时代。

2007年7月24日，在这个激动人心的历史时刻，在北京人民大会堂，在首届中国青少年创意大赛暨知识产权宣传教育活动颁奖大会上，我们郑重而诚挚地发表具有里程碑意义的中国青少年保护知识产权宣言。

宣言正文如下：

中国青少年共同携起手来：崇尚创新精神，提高创新能力，争当创新人才；尊重创新成果，保护知识产权，抵制侵权盗版；用智慧的双手谱写青春的华彩乐章，为建设创新型国家贡献一份力量。

宣言活动主办单位名单：

中国教育学会、中华人民共和国国家知识产权局。

宣言活动发起学校名单：

广西玉林市育才中学、江苏省启东市大江中学、广东省佛山市顺德区陈村职业技术学校、广东省佛山市顺德区胡宝星职业技术学校、广东省东莞市长安镇上角小学、福建省惠安县八二三实验小学、山东省章丘市第四中学、福建省泉州市石狮第二实验小学、福建省泉州市师范学院附属小学、陕西省西安交通大学附属小学南校区、广东省佛山市顺德区李伟强职业技术学校、重庆市城口县中学校、内蒙古包头市包钢一中、上海大学附属中学、陕西省西安交通大学附属中学、广东省佛山市南海九江镇中学、湖北省宜昌市第二十二中学、宁夏青铜峡市高级中学、北京市第十二中学 、上海市枫泾中学、福建省晋江市季延初级中学、福建省泉州第十一中学、重庆市铜梁中学校、黑龙江省萝北县江滨农场中学、福建省泉州市泉港区三川中学、湖北省襄樊市第五中学、四川省德阳中学校、山东省莱芜市陈毅中学、广东省广雅中学、山东省济南市济钢高级中学、福建省泉州市第九中学、广州市第六中学、宁夏吴忠市利通街第一小学、重庆经开礼嘉中学校、黑龙江省富锦市双语学校、山西省太原清徐县实验小学、山西省通宝育杰学校、重庆市铜梁县巴川初级中学校、重庆市巴川中学校、辽宁省大连嘉汇中学、广西南宁市安宁路小学、宁夏中宁县第四中学、广西南宁市星湖小学、内蒙古包头市第九中学、内蒙古鄂尔多斯市东胜区实验小学、北京市八一中学、北京市海淀区永泰小学、四川省绵竹中学、广州省深圳市南山区桃源小学、辽宁省开原市第三中学、重庆忠县忠州中学、重庆市南岸区珊瑚实验小学、陕西省子长县中学、广东省深圳市松岗中学、浙江瑞安市永久机电学校、广东省深圳市石岩公学、福建省安溪县第三实验小学、福建师大附中。（按确认时间先后排名，共58名）

中国青少年创意大赛组委会

中国教育学会

中华人民共和国国家知识产权局

二〇〇七年七月二十四日

北京人民大会堂

第五章

钟南山创新奖公益活动内容概览

全国青少年航天科普大赛活动

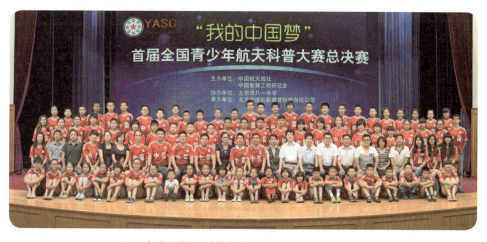

全国青少年航天科普大赛在北京市八一中学起航

航天英雄杨利伟与作者一起
参与航天科普活动

全国创新名校大会

作者与国家知识产权局局长申长雨合影

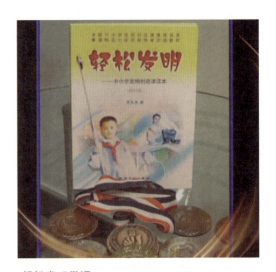

轻松发明微课

北京市八一学校领航:全国创新名校大会

全国青少年冰心文学大赛

全国青少年冰心文学大赛

钟南山创新奖及冰心文学大赛公益活动启动仪式

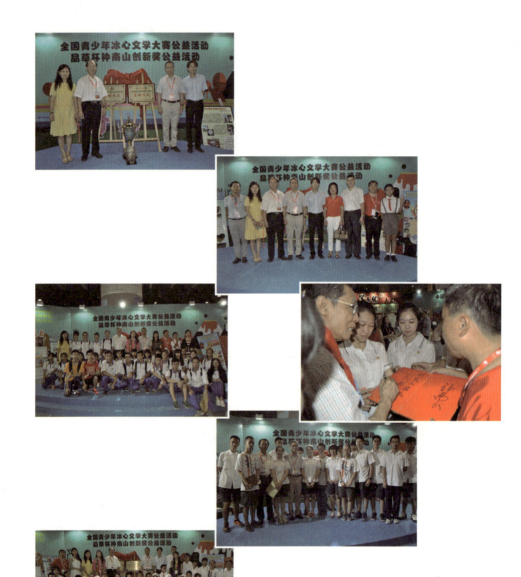

钟南山院士与作者一起出席钟南山创新奖活动启动仪式

钟南山创新奖及冰心文学大赛公益活动启动仪式

广东省委书记胡春华，钟南山院士及作者一起出席钟南山创新奖活动并与学生讨论发明

钟南山院士与作者研究创新活动方案

钟南山院士与作者一起出席钟南山创新奖活动讨论冰心文学创作

钟南山院士与作者一起出席钟南山创新奖活动讨论冰心文学创作与发明创造

广东省委书记胡春华，钟南山院士及作者一起出席钟南山创新奖活动并与学生讨论发明与文学

德国纽伦堡国际发明展活动

德国纽伦堡国际发明展活动

德国纽伦堡国际发明展活动

德国纽伦堡国际发明展中国代表团在法国考察交流

瑞士日内瓦国际发明展活动

中国代表团与联合国世界知识产权组织副总干事王彬颖合影

瑞士日内瓦国际发明展活动

瑞士日内瓦国际发明展活动

1. 联合国世界知识产权组织副总干事王彬颖听取罗凡华秘书长的汇报：澳门学生项目
2. 联合国世界知识产权组织副总干事王彬颖听取罗凡华秘书长的汇报：广东参展商
3. 联合国世界知识产权组织副总干事王彬颖听取罗凡华秘书长的汇报：广州学生发明项目
4. 作者访问联合国世界知识产权组织总部
5. 联合国世界知识产权组织副总干事王彬颖为作者题字

中国青少年创造力大赛、钟南山创新奖活动

北京钟南山创新公益基金会
办公室

中国青少年创造力大赛、钟南山创新奖活动

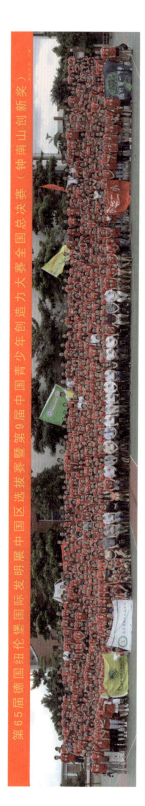

第65届德国纽伦堡国际发明展中国区选拔赛暨第9届中国青少年创造力大赛全国总决赛（钟南山创新奖）

"晶草杯"第4届钟南山创新奖公益活动、第12届中国青少年创造力大赛、第68届德国纽伦堡国际发明展中国选拔赛全国总决赛

"晶草杯"第3届钟南山创新奖公益活动、第11届中国青少年创造力大赛、第67届德国纽伦堡国际发明展中国选拔赛全国总决赛

美国匹兹堡国际发明展活动

美国匹兹堡国际发明展主席访问中国

美国匹兹堡国际发明展活动

作者率中国创新代表团参加美国匹兹堡国际发明展

第二篇

轻松发明示范课程

第一章

观察发现创造法

第一节　发明方法

一、观察发现的故事

一个偶然的发现，导致了一种新事物的诞生，这种情况在发明创造的历史上是很多很多的。例如，19世纪，苏格兰有位橡胶工人，他成天和橡胶打交道，衣服上免不了要沾些橡胶溶液。在一次下雨的时候，他无意中发现衣服上沾了橡胶液的地方没有渗进雨水。真想不到，就是这个小小的发现引起了他发明雨衣的构想。

美国有个叫若利的人，取东西的时候，不小心碰倒一瓶松节油，松节油洒到了一条裙子上。过后，发现裙子上洒过松节油的地方，不仅没有留下污迹，反而比别处干净。就这样若利发明了应用松节油的服装干洗法，并利用这一发明成果在世界上创办了第一家服装干洗店。谁能料到，罐头、雨衣、服装干洗法等这些优秀的发明创造，竟来自平淡无奇的小事中。

你曾经发现过类似的现象吗？你仔细观察10分钟以上的物品和现象是：

1. _____

2. _____

3. _____

然而令人感到遗憾的是，早在他们之前有人就不止一次的碰到过这不起眼的事，却没有人从中想到发明创造上去。为什么同样的事情发生在他们的身上，就会大放光彩呢？

答：＿＿＿＿＿＿＿＿＿＿＿＿＿＿＿＿＿＿＿＿＿＿＿＿＿＿＿＿

把一个昙花一现的发明构想记录下来，是成为发明家的起点。

根据观察发现的感受，产生最初的发明构想，应立即确定一下发明创造的目标，然后按照目标的要求探索达到目的的途径。

例如，选定了要发明木材无屑切断机之后，再根据创造目标的要求研究怎样才能无屑切断木材。

如果事先并没有打算发明创造什么，当偶然发现某种现象，并领悟到其中的作用时，产生了利用这种发现进行发明创造的明确目标时，应该立即采取什么行动？

答：＿＿＿＿＿＿＿＿＿＿＿＿＿＿＿＿＿＿＿＿＿＿＿＿＿＿＿＿

例如，雨衣和服装干洗法的发明过程就属于这种情况。观察发现得到发明启示的同时，也指明了实现发明的技术途径。这种发明创造叫做观察发现创造法。在这种创造中，"发现"除了作为发明创造的起点，还包含着实现发明的具体方法或基本原理，也就是说，这种发现既告诉了你发明什么，也告诉了你应该怎样去发明。

二、关于"观察器具"的讨论

请每个同学说一个常用的"观察器具"和曾经认真"观察过的对象"。

请写出一个常用的"观察器具"：＿＿＿＿＿＿＿＿＿＿＿＿＿＿

请写出一个曾经认真"观察过的对象"：＿＿＿＿＿＿＿＿＿＿＿

三、观察发现创造法的原理

被发现的事物是普遍存在的，松节油洒在衣服上不仅弄不脏衣服，而且起到净化作用这一事实，在谁的面前也是一样的，遇到这种现象的人也不是唯一的，但是不仅认识到而且利用这一发现做出发明创造的人则是唯一的。人们早就知道这么一个常见的现象，看到火炉或者灶火里的火燃烧不旺时，只要拿根铁棍拨一拨，火苗就顺着拨开的地方蹿出来，火一下子就旺了起来。这个极其平淡的现象一直没有点醒人们的创造思想。直到 20 世纪初，才启发中国山东有个叫王月山的炊事员，他用煤粉捏了几个煤球，然后在上面均匀地戳出几个通孔。这样做成的煤球，不仅火烧得旺，而且很节省煤炭。大家熟悉的蜂窝煤就是这么发明的。

中国清朝康熙年间，北京前门外延寿街有个做豆腐的小商贩叫王致和，每天大街小巷去卖豆腐，但生意总是清淡。一次，他的豆腐发生霉变，可他却舍不得丢掉，把发霉的豆腐撒上盐巴，放在瓦罐里存放起来，过了一段时间，取出一尝，不由得大吃一惊，发霉的豆腐变香了！此后，他便如法炮制，并取名为"臭豆腐"。这一新产品大受人们欢迎，王致和的豆腐生意日益兴隆，如今北京的王致和臭豆腐誉满中国。

观察发现创造法之所以成功率高，创造性强，见效快，关键在于发现创造法能够使人从中获得实现创造的方法或原理，而这种方法或原理人们一般难以预先想到。

北京航空学院研究生高歌，发现"沙丘在风暴中位移而形不变"的现象后，受到极大的启发，激起了创造的灵感，发明了"沙丘驻涡火焰稳定器"，攻克了航空理论研究中的一项世纪难题，获得国家发明一等奖。

1987 年，中国安徽一教师沈朝军看到自家的小猪想喝水，顺手从沼气池中舀了一瓢沼液倒进食槽，看到小猪很爱喝。这个有心人就开始试验，每次喂猪都在饲料中添加一定的沼液。一个月后，小猪毛色光亮，能食能睡能长。经专家考察与分析，发现沼液中含有多种氨基酸、多种微量元素、维生素、葡萄糖、果糖和大量细菌蛋白等营养物质，能促进猪的生长发育。后来，有人用沼液喂鱼，效果同样不错。

1956 年，美国纽约州一个农场主玛尔金的夫人买了一只兽角。有一次，她拿起兽角当"话筒"喊叫丈夫回家吃饭，忽然，发现了一个奇怪的现象：几百只毛虫像雨点般纷纷从房屋旁边的一棵树上落下。她把这个意外的发现告诉了丈夫。玛尔金把"兽角话筒"拿到果园里一试，果然如此，而且效果出乎意料，仅仅用了 3 个小时，所有果树上的害虫便被清除得一干二净。玛尔金夫妇的这一奇异发现，引起许多生物学家和声学家的高度重视，专家们正在进一步研究声波对毛虫的作用，然后仿制一种类似的震荡器，作为消灭树上害虫的工具。

四、观察发现创造法的应用要领

1. 仔细观察一个物品和现象 10 分钟以上，特殊现象反复观察更长时间。

2. 记录感受和启示。

3. 确定发明创造的目标。

4. 按照目标和要求，探索达到的途径。

5. 充分利用偶然发现的某种现象进行发明创造，遇到任何事情和现象，脑子里都要想一想，能否利用它来发明个什么东西。

6. 有了发明构思并不伟大，伟大的是能去实现这一构思。

第二节　创新思想

一、思维训练

两次诺贝尔奖获得者莱纳斯·鲍林指出：要想产生一个好的设想，最好的办法是先激发大量的设想。这说明了创造性思维的低概率本质。仅依靠一个设想去解决问题，成功的可能性是极低的。但是获得的设想越多，就越接近你的目标。因此，最重要的事情是尽可能多地产生出"正确答案"。你在后来可能不会使用产生出来的全部设想，但这些设想是为了让你进行评价筛选的，不是限制你的因素。你应有这样一种态度：每样东西都或多或少有些价值，没有无价值的东西。这就是专业摄影师为什么对一个重要的主题要拍摄许多次的原因。他可能会使用不同的光圈、曝光速度、滤色镜，他可能要拍 30 张、50 张甚至 100 张以上。这是因为他知道在他拍摄的所有照片中只有几张能够成功。一个摄影师曾经告诉我，他有一次跟随捕鲸队远航，拍了 850 张照片，但只有 11 张较成功，可以拿给朋友们看。

发明家杜比（他消除了音乐录音中的嘶嘶声音）持有相似的观点，他说：发明是一种技巧。有些人有这种技巧，有些人则没有。你可以学会怎样去发明。你要控制自己不一头扎进第一个设想里去，因为真正一流的设想很可能就近在咫尺。最有希望成为发明家的人常这样说：不错，这是一个办法，但看起来不像是最好的方法。然后他继续思考下去。

比如：怎样才能使鱼不臭？一抓到就把它烧熟；冷冻起来；用纸包好；旁边放一只猫；点上一炷香；把它放在水里，把鱼鼻子割掉。

二、发明家的思维模式

很多人同看一个物品，发明家应该深入了解和观察物品的各个方面，在观察时提出与别人不同的问题，学会深入探讨物品的内部结构、制作材料、工作原理、组成成分、产品标准、相关规定、制作方法、各部分的关系、特殊功能、主要作用、性能特征等，并研究感兴趣的一个方面，设法产生发明构想，完成发明方案。

三、发明家的行为模式

发明家应该像天文学家一样把看不清的事物拉近看个究竟。善于借助其他工具观察事物，对于发明研究者十分重要。多数观察设备可以扩大人的观察范围。例如，请同学们实验一下，在完全黑暗的房间里，打开摄像机，摄像机竟然可以看到物品，这是为什么呢？原来，大多数摄像机有红外线观察功能，可以发射红外线波，感应物体的存在。望远镜、显微镜、温度计、电度表、水表、湿度计、反光镜等，请同学们去试一试，看能否扩展我们的观察范围和观察领域。

第二章

创新改变创造法

第一节　发明方法

一、发明的故事

一个深秋的夜晚，随着一阵阵风声，远处不时传来断断续续的脚步声，并有忽明忽暗的亮点在闪动。歹徒发现有人追踪，就拼命地向黑暗中跑去。目标很快消失了，警察急速朝黑暗中搜寻过去。一束束手电筒的光线交叉着扫来扫去，光圈在树丛、石墩、土堆、电线杆、道路、墙壁之间移动着，始终没有找到目标。忽然，一名警察听到附近有脚步声。他迅速打开手电筒，照向发出声响的地方。借着晃过去的光线，隐隐约约地发现一个人影翻过一堵矮墙，当他冲过去时，人影已经不见了。一连几次都是这样。他一边搜索一边思考，眼前黑得伸手不见五指，自己不借助手电筒发出的亮光什么也看不清，而手电一亮时，又暴露了自己，真不知如何才好。搜捕在继续进行，他围绕着这个问题不断地思考。当他看到同伴射来的一道手电筒光线时，头脑中产生了一个新奇的设想：要是一听到前方有动静，自己就把一个关闭的手电筒丢向可疑的黑暗处，这种摔不坏的手电筒一落到地面就自动接通内部的电源，成为名副其实的"电灯"，把周围照得雪亮，再狡猾的歹徒也将无法隐藏。警察的这种思考并不是胡思乱想，而是人们在某种愿望的驱使下产生的创造性想象。按照这一创造性的想象，意大利发明家阿尔贝托·卡博尼发明了一种六面发光的电筒，这种电筒用橡胶作主体，它的外形是正方形，六面各有一个灯泡和反射镜，电池装在电筒的中心。警察执行任务时，将它投到黑暗处，碰撞力就能把电源接通，六面同时发出明亮的光芒照耀着四周，不但使暗藏的人暴露出来，还可以隐蔽自己。六面发光的投掷电筒从此成为警察和哨兵的得力工具。

二、关于"什么不能改变"的讨论

请每个同学说一个"不能改变的事情"和"无法改变的物品"。

请写出一个"不能改变的事情"：_____

请写出一个"无法改变的物品"：_____

三、创新改变创造法的原理

回顾以上发明的过程，发明创造必须改变旧思想。改变旧思想就是改变现有事物在自己心目中的既成形象。不改变旧事物的形象，新事物的形象就很难产生。许多事物在人们心目中的形象往往一成不变。手电筒只能从前面发出一束光，而且是握在手中使用的，这就是手电筒在大多数人的思想中不可改变的形象之一。正是这种形象宛如无形的锁链大大束缚了人们的创造性。如果你在发明创造的想象中，思来想去总摆脱不了原有形象，要革新这个事物，要想有所发明创造是不可能的。

创新改变创造法应从两个方面思考：一是从某种目的或某种需要出发，思考旧事物的新形象、新内容。二是大胆畅想，主动改变旧事物的形象，思考这种改变了的形象有什么新的作用。

经过这种思维训练，说不定在什么时候，一个个有用的创造性设想就会油然而生。如若不信，你现在就试一试。还以手电筒为例，请你改变手电筒的原有形象，设想出新的形象。

你能想到这些新形象吗？手电筒可以被使用者任意弯曲成各种形状，用于不同的目的，手电筒带有一个结构巧妙的夹子或吸盘，有了它可以把电筒固定在各个地方；手电筒下方开着一个可以开闭的小窗口，在照射前方的同时，从小窗口透出的一束亮光正好照亮脚下的路；手电筒可以伸长或缩短，以方便不同的需要；手电筒不再握在手中，而是像一副眼镜似的戴着，看到哪儿光束就照在哪儿；刚才还是柔和的手电光，突然在瞬间变成一道刺眼的闪光，足以使对方的双眼暂时失去视觉；手电筒对准一堆干柴照射几下，干柴就自己燃烧起来；手电筒与台灯设计在一起，遇到停电时，可以很方便地拿下手电筒；平时的手电，需要时还可以用它当测电笔。这些新形象的手电筒有的正在设计，有的已经成为产品。

改变旧思想是进入创造王国的突破口，那么，如何改变旧思想呢？归结为以下三点：

（1）把自己熟悉的事物当作陌生的事物。

（2）用心灵重新想象出这些事物。

（3）从新的角度异化这些事物。

例如，一提到书，脑海中就出现了自己曾见过的各种各样的书，在这当中绝不会有梅花状的书、能伸长缩短的书、文字和图案能变大变小的书。这表明，常规的思维只能想到已知的事物，即事物的旧形象或旧形象的事物。创造的最终目的正是要改变事物的旧形象或改变旧形象的事物。存在旧形象则不利于新形象脱颖而出。摆脱不了书的旧形象，难以在"书上"有所发明创造。而书的新形象只有在抛开书的旧形象之后才能形成。这就需要将熟悉的书当作陌生的书，使自己成为一个从来没有见过书的人，觉得书很神秘，这样就能毫无束缚地想象书的样子。书像地球仪？书像照相机？书像弓箭？书能悬浮在空中？书能当积木玩？书能当琴弹？这些与旧形象不同的"书"改变了书的旧形象，改变了旧形象的书，体现着创造性的思想。没有创造性的思想，书永远是那样，书永远是"书"。一些国家设计的几种书很有创造性，例如，操作性玩具书可以把整本书当玩具。英国出版的一种玩具书，第一页有鞋和鞋带，要小朋友自己学着系鞋带；第二页谈扣子的故事，小朋友在书上真的可以扣起扣子来；第三页可以拉拉链，有趣极了。还有用布做的玩具书，咬不断、撕不破、耐洗、耐磨，两岁以下的孩子最爱玩；塑胶书，不怕湿，对不喜欢洗澡的小朋友有安定作用，可把其注意力引到阅读上。美国有一本专借小女孩阅读的玩具书，竟然配有镜子，书里还可以摸到"爸爸粗粗的胡子"，书中主角小公主的"头发"乱了，小朋友还可以帮公主梳理"头发"。这样的书，不仅使人们学到理论知识，还可以在书上进行实践活动。

创新改变创造法就是设法改变研究对象的外形、结构、长度、大小、重量、形状、内容、材料、原理、成分、幅度、频率、参数、标准、规定、方法、步骤、关系、数量、强度、式样、功能、作用、性能、特征等，只要改变其中一个方面就是创新。

四、创新改变创造法的应用要领

1. 企图改变旧事物、已有物品的形象和内容。也可以设法改变研究对象的外形、结构、长度、大小、重量、形状、内容、材料、原理、成分、幅度、频率、参数、标准、规定、方法、步骤、关系、数量、强度、式样、功能、作用、性能、特征等，只要改变其中一个方面就可以产生新发明。

2. 想一想改变了这些形象和内容的作用是什么。

3. 如果改变之后有一种新作用，即已产生发明构思。

4. 有了发明构思，立即记在本子上。写下来之后，你会觉得还有不完美的地方，会再思考，再改进，直到满意。

第二节　创新思想

一、思维训练

假如加工狗食的公司在其产品中加进点不能消化的添加剂，如牵牛花或金盏花的种子，会怎样？狗可能会成为种花同时又施肥的播种机吗？另一种添加剂可以是一种无毒的荧光物质，这一产品在城市里受到特别欢迎。因为这样人们在晚间散步时就会知道前面黑影里闪闪发光的东西是他们不愿往上踩的玩意儿。你能想象出具有别的用途的添加剂吗？

一位朋友谈起过创造过程的问题。他很难去分辨创造性思维中所发生的一切与魔术的区别。若你静下心来想一想，我们的思维真就具有魔术般的能力。我们能思考一切，正是这种魔术般的形象联想能力给予了艺术家巨大的发明创造才能。

运用这种思维的一个简单易行的方式是问一问："假如……怎样，就会怎么样?"然后在空档里填上不合实际的或根本就不存在的情况。不要总考虑符合实际,要尽量发挥你的想象力。我们对事物应该是怎样的往往设定了许多既定框框,因此只有问一问:"假如……怎么样,就会怎么样?"这类不常见的问题才能使我们避开这些既定的框框。下一步是回答这一问题,此时一定要牢牢记住别让你的旧思想靠近,别作任何批评性的评价。这是因为,尽管你激发出来的许多设想不是很实际,但这些不实际的设想却是通向符合实际的富有创造性的设想的阶梯。发狂似的、愚蠢的和稀奇古怪的设想可导出符合实际的联想,并且发现实际设想的唯一道路就是沿着这一阶梯走上去。

例如,假设你是个建筑师,想要激发出一些有关新式办公楼的设计思想。你这样问自己:"假如办公楼外面覆盖上一层动物一样的皮毛会有助于保暖或隔热吗?它们在夏天可能会脱落。它们可以被修理一番以反映出大楼主人的精神状态,军事基地可以留个平头,大学生宿舍可留长发。"你这样思考一会儿,然后使思维跳跃到另一种动物上。譬如说蛇,你开始琢磨他们的鳞片是怎样拼起来的,这会给你带来既节约能源看起来又心神愉悦的楼顶设计想法。

下面是一些思考用的"假如……会怎样"的问题:

1. 假如缴纳个人所得税的税率由轮盘赌来决定会怎样?财政部门会像高利贷者那样来对待收入高的人们吗?人民会发起一场运动,要求把赌轮上的零位增加一倍吗?

2. 假如把消费者服务工作放在首位,而不是把利润放在第一位,年终奖金会根据抱怨越来越少的情况来发放吗?我们真的要钻进消费者的脑袋里去,预测一下他们明年都想要哪类产品吗?

3. 假如每个人都对他一生中所用的词汇数量有一定限制会怎样?我们讲起话来会很刻板吗?政治家们又该怎么办?我们会找到其他方式来表达我们自己吗?服装会更加鲜艳多彩和更富于表现力吗?心灵感应会由此而发展起来吗?

4. 假如人能在睡觉时做杂务,如修剪草坪、洗碗筷和油漆围墙会怎样?

5. 假如人到 40 岁时不再显露出衰老的迹象,将会怎样?

6. 假如每个月有 5 分钟时间让人们变成他们最喜欢的植物或蔬菜会怎么样?

7. 假如人们研制出可食用的衣服会怎么样?衣服的款式可能会随上市的食

品而变。带某人出去吃午饭可能会有新的意义，你可能会这样说："你吃我的袜子好吗？你是在连锁食品超级市场买衣柜吗？"

8. 假如猫向鸟出售人身保险会怎么样？

9. 假如每个学生物的高中学生都有尸体标本供他研究会怎么样？他们会更透彻地了解人体。他们也会明白首先照顾好自己身体的重要性。

提示： 创造你自己的"假如……会怎么样"的问题。看看它们会把你的想象引向何方。你想象得越多，你得到的设想就越好，你发现有价值的新东西的可能性也就越大。

二、发明家的思维模式

很多人同看一个物品，发明家应该想到如何改变这个物品，还应该知道如何去改，分别设想从外形、结构、长度、大小、重量、形状、内容、材料、原理、成分、幅度、频率、参数、标准、规定、方法、步骤、关系、数量、强度、式样、功能、作用、性能、特征等方面去改，只要改变其中一个方面就是创新，并研究改变后的新作用，设法产生发明构想，完成发明方案。

三、发明家的行为模式

发明家应该像微生物研究者一样把看不见的微观世界放大了再看个究竟。还要研究所观察事物的内在的、本质的关系和特性。我们见到的物品，外观多数已经密封好了，看外观很简单。发明家不应限于看到外观，应该深入了解内部的结构和原理。例如，一个定时闹钟，外观很简单，内部机构是什么，请同学们试一试，拆开看看，也许有更多的发现。

第三章

大胆联想创造法

第一节　发明方法

一、大胆联想发明的故事

美国园艺师恩德曼善于联想，为了培养西瓜新品种，他经常把瓜同各种事物尽可能地连在一起，作过牵强附会的思考，企图从中联想出新的品种。1988年4月的一天，当他从西瓜联想到醇厚甘美的酒时，突然脑海中闪现出培养酒味西瓜的创新意识。他抓住这一设想不失时机地着手试验。他先在西瓜藤的切口上接一根灯蕊，再用黏膏固封，最后将灯蕊的另一端浸在酒里。当西瓜成熟时，酒香飘溢，带酒味的西瓜就这样培植出来了。西瓜和酒作为截然不同的两种东西，人们很难从西瓜想到酒，或者从酒想到西瓜。即使想到了也觉得有点儿荒诞不经，更不去深入地思考，哪能形成酒味西瓜或者西瓜酒的创造性思想？

我们生活的世界是由形形色色的事物构成的，事物之间存在着各种各样的差异。事物之间有差异，才使得整个世界变得丰富多彩、千姿百态。反过来，也正是事物之间有差异，人们才难以把它们联系在一起，联想成整体。两个事物之间差异越大，联想起来越困难。例如机关枪、家具、牛奶、陶瓷、播种、气球、汽水、自行车、毛巾等，相互之间都是差别较大的事物。提到机关枪，人们自然想到士兵、战争、军事学习、火箭炮、玩具等，而不会想到农民在地里播种吧！人们用毛巾擦脸时，绝不会轻意想到毛巾和陶瓷有什么缘分；同样的道理，挤牛奶时，不会想到汽水；骑自行车时，不会想到气球。要问为什么想不到，大家一定异口同声地说：因为机关枪和农民种地没关系，毛巾和陶瓷没关系，牛奶和汽水没关系，自行车和气球没关系。然而，现在看起来无关的事物，不一定永远无关。多少过去无关的事物，今天不是成了有关的事物了吗？

请看，高效率高质量的播种机关枪，吸水性佳、清洁性好、抗菌力强的陶瓷毛巾，可口又富有营养的牛奶汽水，如今都已创造出来了。

二、关于"没有联想"的讨论

请每个同学说一个"不需要联想"的行业，"没有联想"的工作。

请写出一个"不需要联想"的行业：＿＿＿＿＿＿＿＿＿＿＿＿＿＿＿＿

请写出一个"没有联想"的工作：＿＿＿＿＿＿＿＿＿＿＿＿＿＿＿＿

三、大胆联想创造法的原理

使原来无缘的事物建立起联系，并共同演变成新事物的过程就是大胆联想发明创造的过程。17 世纪，意大利的造船工业十分发达，一些爱动脑的木工，从锯子锯木料时发出的不同声音联想到乐曲，试图发明一种新的乐器。经过对各种锯子进行拨、敲、拉、弹的探索，终于研制出一种既是锯木板的工具，又是乐器的锯琴。

无独有偶，美国加利福尼亚州著名画家霍金斯也把锯引入艺术的殿堂，创造了锯画。在他看来，在各种物体上都有可能绘画，比如那光亮平滑的金属锯是极好的作画材料，比画布毫不逊色。他在各种规格、各种形状的金属锯上绘出山水风景、树木花草，名曰"风景锯"，引起艺坛人士的高度重视，称誉他的锯画为硬与软的汇合艺术。

许多发明创造，像酒味西瓜、锯琴、锯画等，人们并非做不来，而是人们想不到去做。每当清晨，在马路上、公园里、操场上、树林中，都可以看到散步和跑步运动的人。他们当中还有人在腰间挂着或在裤兜里装着一个小玩意儿——记步器，用它来记录自己的步数。有人从步数想到距离，于是一种能够将步数换算成距离显示出来的记步器应运而生。记步器发展到这一步，已经为大多数人所满意，然而不知足的发明革新者仍在继续思索着，他们又从距离想到了地图。结果，设计出一种与地图上各地之间的距离相对应的记步器。这种记步器，可以记录自己跑过的每一个地方，从而激起大家跑步的劲头。即使在室内原地踏步跑也不乏味，它能告诉你从当地出发，步行到或者跑到首都经由哪些城市及到达每一地方所需要的时间。在记步器上进一步联想，还会做出许多发明。例如，再把记步器同定时器联想到一起，设计一种不仅记距离、记时间，并且能在预定的时刻发出哔哔响声，提醒运动者活动时间已到，提醒运动者尤其是老年体弱的人要注意看时间避免跑过头。

还有许多发明创造，不是人们想不到，而是人们想到了却做不来。大胆联想不但有助于发明思想的产生，而且有助于发明创造的实现。你也许早就想到过这样一个发明：毛衣起球去除器，但一直想不到该怎样设计。其实，能除去毛衣起球的机器，在其他事物上已经有了，多多联想才能找到它，如电动剃须刀。借鉴电动剃须刀的原理，用飞速旋转的刀片产生的吸引力，将毛球吸进刀网内，并将切断后的毛球收集在透明的容器里。一种电动毛衣起球去除器就这么设计出来了。

发明创造中的联想，总有起点和终点。联想的起点有两种：一种是确定的起点，另一种是不确定的起点。联想的终点也有两种：一种是确定的终点，另一种是不确定的终点。

例如，毛衣起球去除器的发明，始于一个确定的起点——除去毛衣起球。而它的联想终点是不确定的，有剪刀、钓针、电动刮须刀等。锯画的发明则始于不确定的联想起点——鸡蛋壳、瓶子、鞋、锯、水果、秃头，绘画则是锯画联想的确定终点。

联想的起点和联想的终点存在着下列关系：

确定的联想起点对应着不确定的联想终点；

不确定的联想起点对应着确定的联想终点。

在一项发明创造的联想过程中，确定的联想起点和确定的联想终点都有无穷多。

具有某种知识或技能，一时找不到运用这种知识或技能进行发明创造的对象，联想的起点往往是不确定的。看到了问题，想到了发明的课目，苦于不知如何去解决设计问题，联想的终点就是不确定的。但是联想的思路不是固定的。

一般在伏案冥想或闭目深思某一个发明时，沿着确定的联想起点，不确定的联想终点的思路。在旅游、乘车、赏花、观灯、洗澡、浏览书报、聊天时，有意识或无意识地把某一事物同长期悬挂在自己心中的那个发明问题联系起来思考，其思路就成为不确定的联想起点，确定的联想终点。在发明创造的不同阶段，联想的思路也在不断变化。

四、大胆联想创造法的应用要领

1. 经常把各种事物尽可能地连在一起，也可以将不同类别的物品摆放在一起，作一些牵强附会的思考，企图从中联想出新的品种。

2. 一些发明创造，不是人们想不到，而是人们想到了却做不来。有了发明构思，立即记在本子上，收集相关资料，探究解决办法。写下来之后，你会觉得还有不完美的地方，会再思考，再改进，直到满意。

3. 也有一些发明创造，并非人们做不到，而是人们想不到。还应该抓住一个巧妙设想不失时机地着手试验。

4. 现在看起来无关的事物，不一定永远无关。多少过去无关的事物，今天不是成了有关的事物了吗？使原来无缘的事物建立起联系，并共同演变成新事物的过程就是大胆联想发明创造的过程。

5. 在词典中，找任意一个代表事物的词，当作联想触发词，然后去联想。例如书包，可以由书包联想到课本、文具、教室、学校、商店等，然后再把书包与联想的事物相联系，看能不能产生新的事物，例如带钟表的书包。如果不能产生新的想法，可以换一个联系触发词再试。

6. 数学表达式为：$A \times b \times d \times e \times f \times g = C$。A 表示一种事物，$\times b \times d \times e \times f \times g$ 表示被联想事物，C 表示新一种事物。

第二节　创新思想

一、思维训练

假想你正坐在一个黑暗的顶楼上，周围摆放着各种杂物、仪器、相册和书。

你手里有一个小电筒，按亮电筒，照向某处。照到一幅你在一次高年级舞会上的照片，你的脑子里把所有的与晚会服装、很晚睡觉、开快车等有关的一切都联想起来了，然后把电筒光移到一个罗盘上，现在你开始想到自己正穿过一片荒野。再照另一个物体，这次是一个核桃夹子，现在你又想到了圣诞节。这是创造学中的一个训练。

你的大脑就如同一个黑暗的顶楼，杂乱堆放着各种各样的经验和想法，你大多数时候不去想它们，因为你那一小束意识流并未集中在它们上面。但如果你找到了一种方式迫使你的手电筒环照空间，你可能就会发现更多你已经拥有的东西。

把你头脑中的杂货仓库转变成一个宝库的好办法是使用"触发概念"，这是一组在你大脑中触发新设想联系火花的词。像扔进池塘的石子一样，它们会激发其他的联想，其中一些联想很可能帮助你发现新东西。例如，口袋可能会使你想到裤子、上衣、长袖衬衫、台球桌、空心面包、包袋和坛子。

选择一个触发词有几种方式，其一是把整个词典看上一遍，直到发现你喜欢的词；其二是闭上眼睛，用手指在书页上点；其三是使用词典目录表随机把手指指到页码数字上，然后找出相应的触发词，若你指的是68，则相应的触发词是"笔记本"。

现在想想与你挑出的触发词相联系的东西。例如，一块磁石能做什么？它有吸引力，能吸引的东西都是什么？其他类型的磁石是什么？一片好土地对开发者是一块磁石，啤酒对懒汉是一块磁石，一个水平低的后卫是把球吸引到他的防区的磁石。一个摇滚乐明星是明星迷的磁石，一个税收低的州是新生意的磁石。你可以在你从近旁发现的关联词上继续构筑联想。如果你的触发词是"鞋"，相邻的东西可以是袜子、地板、鞋油、鞋套、地毯、脚癣、楼梯、脚镣、跳舞等。

怎样利用触发词去激发设想呢？方法之一是在触发词和你想得到不同见解的问题或设想之间建立强制联系。

二、发明家的思维模式

很多人同看一个物品，发明家应该想到大胆把这个物品与其他物品相联系，或者把这个物品分别应用到其他物品上，并研究它们的结合关系，设法产生发明构想。

三、发明家的行为模式

发明家应该像企业家一样去制订研究计划，并设法去实现。一个发明计划十分重要，计划可以比喻为一颗种子，种子放在风雨之中可能不发芽，优秀的发明家会想尽办法让种子找到适合生长的条件和环境。发明家要善于制订长期计划和近期计划，学会逐步实施计划。上了发明课以后，会有很多的发明创意，能否选择一个创意并制订一个有效的实施方案十分重要。请同学们结合自己的发明制订一个研究计划，请当地有名的企业家看看，提出改进意见。

第四章

主体附加创造法

第一节　发明方法

一、发明的故事

公路上各式各样的汽车川流不息。望着穿梭的汽车，你可曾想过 20 年前、50 年前、100 年前的汽车吗？那时汽车上有保险杠吗？有里程表吗？有行李架吗？有消音器吗？有蓄电池吗？有刹车灯吗？有收音机吗？有空调吗？当时为什么没有？后来又是怎样有的？有了之后对汽车的发展起到了什么作用？经过一番又一番的思索，你就会从中领悟出一条相当有用的发明创造的思路——主体附加创造法。

什么是主体附加呢？早期的汽车在雨天行驶时，雨水落到车窗上往往使司机看不清前进的道路而造成事故。有一天，美国妇女玛利·安得逊乘车前往纽约。由于下雨，一路上司机神色紧张地驾驶着汽车，玛利·安得逊为此深感担心和着急。过后，她在思考着这件事，思来想去，就在一个木柄上钉上一根皮条装在汽车上，用来拨开车窗上雨水。后来，又有人把这种手动拨雨器改为机动拨雨器，并可控制拨动速度。这样，无论在细雨中，还是遇到滂沱大雨，都遮挡不住司机的视线，从而大大减少了雨中行车的交通事故。这一发明创造即为主体附加创造法。汽车就是主体事物，拨雨器则是附加物。在汽车这个主体上，不仅拨雨器是附加物，喇叭、方向灯、后视镜、打火机、温度表、遮光板、电话机，以及前面提到的保险杠、里程表、行李架、消音器、蓄电池、刹车灯、收音机、空调等都是附加物。汽车能够发展到今天，除了主体自身的不断进步外，这些主体附加物的发明创造起着不可低估的促进作用或完善作用。

二、关于"门"的讨论

请每个同学说一说"门"是主体？还是附加物？

请写出你的观点：_____

三、主体附加创造法的原理

主体附加的发明创造，在许许多多的事物上都存在。这是一种比较普遍比较容易的发明创造。你只要明白了主体附加物的创造特点，就能运用自己的才华进行这种创造。

主体附加法主要有四个特点：

1. 主体是已有的事物，如一把剪刀、一台风力灭火机、一盒化妆品、一颗地雷、一件秋衣、一场晚会、一种制度等。

由于任何事物都不可能完美无缺，加之人们对同一事物又不断提出新的要求和希望，因此，事物总存在着这样或那样的不尽如人意之处。当你发现事物的某种不足或缺陷时，当你对事物产生某种新的要求或希望时，首先应该考虑：能否在不改变主体或者略微改变主体的条件下，附加什么以及怎样附加就可以弥补不足或消除缺陷，就可以满足要求或达到目的。

比如理发时，推下的头发落进衣领里，扎得浑身不自在。只要在电推子这个主体上附加吸发装置，就可随时吸去理下的发屑。这样，既使顾客免受发屑刺激，又减少了理发师的工作量，并能经常保持理发室的清洁。

2. 附加分为创新附加和移植附加。

附加的事物若是前所未有的事物或是为了附加而经过实质性改进的事物，就叫创新附加。例如，铅笔上附加的握笔器，香烟上附加的过滤嘴，自行车上附加的快速绑物器，步枪上附加的瞄准仪等。附加的事物如若是已有的事物或者在别的事物上附加过，就叫做移植附加。例如，将能折叠的小板凳和小挂钩附加在梯子上，使用时可带来很大方便，等车时间较长时，有凳子可坐，带的器物较多时，可以拉出钩子挂上。

一般来讲，创新附加比移值附加的创造性强。

3. 一个主体常可附加许多发明创造。

例如在洗衣机上，可以附加定时器、水温表、吸毛盘、防绞器、小物品选涤兜等，通过各种附加弥补了主体事物的诸多不足。因此，几乎所有附加的发明创造都是为主体服务的。然而，事物常有例外，比如附加在自行车上的剪草器；磨面机、收割机等，附加的目的则是为了利用主体的某种功能，此处利用的主体功能是自行车传递动力的功能。结果出现了主体事物为附加事物服务的特例。

4. 一种事物可以附加在多种不同的主体上。

例如响铃，可以附加在钟表、车辆和大门上，还可以附加在儿童服装、警戒网、动物、鸟笼、塔寺、舞蹈等许多不同的主体上。为一种事物寻找更多的主体，这就是主体附加法中的逆向思路。

小附加可出大效益。不断发现事物的缺点，提出新的需要是主体附加的着眼点，否则就不晓得哪些事物应该附加，以及附加什么。把各种事物同主体联系起来是主体附加的思维路线，否则就得不到创新附加的启示和移植附加的对象。例如拉线开关，由于其装饰性差而逐渐被隐蔽式开关所代替。但是琴键开关的安装位置高，儿童使用时常常需要站在椅子上。面对琴键开关这一缺点，多数人的思路是发明一种新的隐蔽式开关取而代之，却极少有人想到用主体附加的办法解决这个问题。美国的一家公司想到了这一点，发明了附加的现有琴键开关上的拉线配件。花很少的钱买一件，装在各种蔽式开关内，既能适合儿童使用，而且为隐蔽式开关增添了几分"姿色"。这要比发明一种新的隐蔽式开关容易得多。再比如，人们回到家中，脱了皮鞋再穿拖鞋，仍嫌麻烦。只穿袜子又容易受凉。你看，袜子上附加点儿什么能解决这个小小的问题呢？不难想到，袜底只要附加一层细密的乳胶粒就行了。穿上这种袜子在室内行走，不但脚下不滑，还有按摩效果，而且脚不会冰凉。

同样的主体可以有不同功能、不同结构、不同目的、不同层次、不同意义的附加。例如，在小轿车挡风玻璃的夹层内粘有一条条电阻丝薄膜，通电后，提高了玻璃的温度，可使凝聚着的霜、水、雾融化或蒸发掉，这就是在汽车挡风玻璃附加了除霜器。波兰一家工厂，在玻璃夹层上，以边框形式装入用抗腐蚀材料合并制成了半透明膜，使汽车挡风玻璃附加了无线电天线的作用。日产汽车公司则在汽车挡风玻璃上附加"投影时速显示器"，使驾驶员在行车中只需稍稍移动视线便可知道行驶速度，从而提高了驾驶的安全性。

世界上没有完美到顶的事物。充实或完善已有事物的过程就是创造新事物的过程。主体附加就是其中的创造方法。饮料瓶附加吸管，纽扣附加五彩贴面，电话听筒附加音乐盒，摩托车附加安全罩，车胎附加压力显示器，编织针附加刻度，扇子附加导游图，文具盒附加元素周期表，玻璃杯附加塑料套，长筒丝袜附加绒毛，冰箱附加冰淇淋夹等，附加虽小，意义甚大。许多事物通过附加，可以弥补缺欠，改善性能，增强适应性，由此带来新的活力。小附加出大效益。主体附加是大有可为的发明创造方法。

四、主体附加创造法的应用要领

1. 在脑海里想现在看得见的和看不见的一样东西，想好之后说出它的名字，例如一把雨伞，然后把各种事物往上面试着加，如汽车，一把雨伞附加上一辆汽车，显然不可行。可以再不断地往上加。又如电筒，一把雨伞加上一个电筒还较合理。就这样不断地加东西，直到产生满意的新的东西，即产生了一项发明。这是先确定一个主体，再去找无数个可以附加的事物的方法。

2. 可以先确定一个附加的事物，然后去找主体。例如温度表，可以设想把温度表加在汽车上、书包上、钢笔上、收音机上、课本上、茶杯上等。

3. 也可以把某种事物上的附加物取来去附加到另外的事物上。例如洗衣机的定时器，可以把定时器附加到收音机上、电视机上、办公桌上、电话机上等。

4. 通过不断地附加，找到一种新的事物，即为发明。

5. 数学表达式为：$A + b = C$。A 表示一种事物，b 表示一个附加的事物，C 表示新一种事物。

第二节　创新思想

一、思维训练

小事情有大作用，尤其是与其他事物互相结合互相影响时。例如，世界气候体系中任何一处发生的小变化都可能会引起重大后果。1982 年冬，太平洋气候结构发生了异常，结果是特大干旱在印度、印度尼西亚和澳大利亚蔓延，而太平洋西岸和北美却遭受了特大暴风雨和海潮的袭击。连续几个月气象学家都对成因迷惑不解。最后他们发现是厄尔尼诺赤道附近的一小股暖流正在不引人注意地向西扩散，因而造成了太平洋地区的气候变化。当这股暖流消失后，气候结构即恢复了正常。

为什么今天的游泳速度比 20 年前快得多？是因为运动员们身材更高大？饮食质量更好？教练员对游泳技术研究得更透彻？当然这些都起着不可忽视的作用。但对游泳速度产生重大影响的是轻型游泳镜这样一件小东西的问世。由于运动员都是在经过氯化物处理过的水中进行训练，所以没有保护镜，游泳运动员每次训练最多只能游 2000～3000 米，否则眼睛就因受刺激而痒痛。新型眼镜保护了他们的眼睛，使他们得以延长训练时间，增加运动量。现在，每天 1.5万～2 万米的游程在奥运会选手的训练中并非少见。有了这个小东西，运动员的成绩提高也就不足为奇了。

问问你自己：能够对我激发设想起重大作用的小事物是什么？

作业 1：写出 3 种可以作为主体的事物、商品。

1. _____　　2. _____　　3. _____

作业 2：写出 3 种可以作为附加物的事物、部件、商品。

1. _____　　2. _____　　3. _____

作业 3：把第 1 题的 3 个主体分别与第 2 题的 3 个附加物相加组合一下并将以上主体和附加物带入以下句子造句，看有没有新的事物或新奇的事物产生。

1. 带_____的_____

2. 带_____的_____

3. 带_____的_____

4. 带_____的_____

5. 带_____的_____

造得句子没有新颖性，怎么办？请将你的造句按下面的方法修改一下。

结果演变方法1：改变附加物的数量

例如：照相机＋胶卷＝？你觉得也好笑吧，这个想法看上去没有什么意义。但其实你已有一个好的开始了：如果把你的组合改一下，变成：照相机＋2个胶卷，那就可以等于"可安装2个胶卷"的照相机，当一个胶卷照完后，另一个胶卷马上补上，不就解决了因为胶卷没有而失去拍摄机会的问题吗？你再想一想，篮球篮板上已有一个篮筐，能不能再加一个篮筐呢？类似的情况有没有？请你想象！

结果演变方法2：调换主体和附加物的位置

例如：带相机的手机。看上去许多手机上已经附加有相机功能了，这个组合没有新颖性，如果把前后位置调换一下变成：带手机的相机。则有不同了，现在相机上都没有手机的功能，出门旅游时，既要带手机，又要带相机，不方便，增加携带物品重量和数量，摄影记者相机不离手，若相机是数码的，又有手机通信功能，边拍摄边传送拍摄的照片到报社，将会给摄影记者的工作带来极大便利。

结果演变方法3：增加更多不同的附加物

例如：带手机的相机。已有新颖性和新功能了，还能不能再加上其他的附加物呢？例如可外接键盘的带手机的相机，例如带 VCD、录像机、计算机的背投式彩电。虽然体积变大了、重量加重了、价格升高了，但销路很好，很受学校欢迎，它省去了相互联机驳接的麻烦，集多项功能于一身。

结果演变方法4：试探更多的结合方式

例如：带钉子的锤子。怎么附加？（1）有位同学将锤子的把上做一个磁铁棒，钉子可以直接吸在把上。（2）又有同学想了想，在把里做一个小盒子，盒子里面有吸铁石，钉子放在里面又不会跳动。（3）又有同学想在锤子把上加裹一层布，可以增加摩擦力防止滑动。（4）有同学想到改变锤子的头，改单头为多头。(5)还有同学将小盒子附加到其他物品上去。你怎么想？当你完成作业后，还要想一想，相加组合时有几种方法、几种方式、几种方案，多考虑几种；之后要把它画出来，用示意图画出来，让老师看清楚你的创意和你想表达的意思。

二、发明家的思维模式

很多人同看一个物品，发明家应该想到如何在它的上面加上一个其他物品，或者把这个物品应用到其他物品上，并研究它们的结合关系、组合形式，设法产生发明构想。

三、发明家的行为模式

发明家应该像建筑师一样绘制研究蓝图，认真设计，考虑周全。请同学们去采访一个建筑师，看看他们绘制的蓝图，问一问他们在设计时考虑了哪些问题，共考虑了几个方面，深入到第几阶层。结合自己的发明构想设计一个方案，请一个建筑师看看，为你提个意见，或一起讨论几次，相信你一定会有意想不到的收获。

第五章

国家专利研究创造法

第一节　发明方法

一、发明的故事

远古时代没有椅子，人们席地而坐。中国汉末，北方少数民族发明了一种可以折叠的"胡床"，这就算椅子的前身。到了中国唐代，发明了交椅。中国南宋时，又发明了太师椅。椅子在人类的创造中不断地变化着。现在，各种造型、各种材料、各种功能的椅子层出不穷，令人眼花缭乱，如小巧轻便的安乐椅、会"唱歌"的音乐椅、带有按摩器的按摩椅、百人同坐的巨型椅、根据妇女临盆姿势设计的助产椅、听话的声控轮椅、浮在水面上的救生椅等。这些形形色色的椅子都是通过在以前椅子的基础上，进行造型上的变化、材料上的更新、移植、组合或者附加别的东西进行发明创造的。尽管这些椅子以新的形象、新的功能出现，然而都是在一个共同的原型上创造和改进的。

人类的创造，一是原型上的除旧布新，二是突破原型的创造。例如折叠式缝纫机、能发出音乐的缝纫机、袖珍缝纫机、电动缝纫机等都属于原型上的创造。超声波熔接缝纫就是突破原型的创造。当剪裁好的衣料进入超声波缝纫机的机头和牙轮时，机器产生的超声波在两块衣料间振动，摩擦热以极高的速度将它们熔接在一起，熔接处平整光滑，比线缝制的更美观、更牢固。应用超声波缝纫这一新技术，突破了将近四百年历史的针—线—机械缝纫的原型。事物的原型在人们的意识中根深蒂固，很不容易动摇，因而变革原型相当困难。但是，原型一经变革成功就会创造出全然不同的新事物，常常引起该类事物的革命性跟进。所以，突破原型是一种创造最强、难度最大的创造。在专利研究创造法中，我们既可以在原型上除旧布新，加以改进，也可以突破原型去创造出新型的发明。

在技术发明史上，许多重大的发明都是先从专利文献中获得启示而产生的。例如，爱迪生采用炭丝作灯丝制成具有实用价值的白炽灯，是在他读了电灯发明家——英国人斯旺发表在美国《科学美国人》杂志上的文章，得到启示后完成的。1845 年 J. W. 斯塔尔注册关于电灯的专利，而斯旺也是在看到了关于电灯的英国专利后，才开始考虑如何制造炭丝白炽灯的。爱迪生从已有的电灯专利中改进方法，大量做试验，先后试验了 1600 多种材料，终于试验出一种实用性强的新型炭丝白炽灯，为电灯的普及和应用做出巨大贡献，也为我们探索出了专利研究创造法。

二、关于"专利文献"的讨论

请每个同学说一个"国家专利文献或专利产品"。

请写出一个"国家专利文献或专利产品"：_____

三、国家专利研究创造法的原理

突破原有技术可以创造不同原型的同类事物。什么是不同原型的同类事物呢？例如，包扎伤口或患处一直用纱布做绷带。假如创造出不同纱布包扎伤口患处的新方法或新东西，这就是不同原型的同类事物。美国埃默里大学研制出一种"水性绷带"，这种水性绷带由两层很薄的塑料含有一个水分夹心层构成。其作用原理是由活动的水通过两层膜渗透保持伤口湿润，并且可以从伤口深处吸出过量的水分。水性绷带的优点是：能比较容易地去掉伤口的死组织；可减少伤口的范围；促进伤口愈合和新组织生长；减轻伤口疼痛。俄罗斯则从树木中提取某种有效成分，制成能取代纱布绷带的一种以蛋白和多糖为主要成分的膏状体。在创口处薄薄地涂一层，即可形成薄膜，这种涂层绷带的透气性能极好，并可阻止细菌进入创口。这两种绷带克服了纱布绷带限制包扎部位活动，妨碍通气和血液循环、需要经常拆换以及不便观察愈合情况等缺点。水性绷带、涂层绷带就是与纱布绷带不同原型的同类的事物。

突破原有技术也是对某种事物的重新创造。只有从根本上改变某种事物的原理或结构、形式或内容、材料或成分，才能做出这种创造。比如传统的手工剪刀，不论裁铁皮的剪刀，或是理发的牙剪，都没有改变2400多年前的剪刀的基本结构。美国设计的一种手工圆剪刀突破了长剪刀的结构，具有革命性意义。这种圆剪刀不仅比传统的剪刀更便于使用，而且安全可靠，左右手均可使用，用途广泛。再看制造镜子的材料，古时候的石镜是用石料磨出来，铜镜、银镜是用铜和银铸造后磨制的，近代、现代和当代的玻璃镜和塑料镜是用玻璃和塑料制作的，但是这些镜子全是固体镜。现在，已经有一种用水和油或者用水和水银制成的液体镜。再如风力管道传送邮件、平面荧光幕、不结雾的挡风玻璃、显影不需暗室的底片、数码照相技术、可以挂在病人手上的静脉注射器、永洁不洗的衣服、能显示体温或血压的胶布等，都是突破原有技术的创造。

专利研究创造法，就是充分利用已有的发明技术，找出不足之处，进行改进研究和突破，并产生一种新的事物、新的技术。爱迪生领导的研究机构，广泛研究了全世界的专利文献和技术，寻找专利空隙和缺点进行发明，终于有了1000多项发明。

专利制度在国际上已有几百年的历史，绝大多数的国家和地区都采用了专利制度。

目前全世界近十年已有5000多万件专利，并以每年500多万件的速度递增，中国20年来累计有专利申请300万件，这是人类一个巨大的知识宝库。善于和有效地利用专利文献，是人们进行创造发明的重要手段。

从专利文献中，人们不但可以找到许多成功的途径，也可以找到同样多的失败的脉络，甚至还可能找到许多潜在的、经过努力可以成功的线索。

利用专利文件寻求创造发明的课题和设想，以及利用专利文献对课题的设计进行改进和完善的创造发明技法，称为专利发明法。

城市居民垃圾袋装化，是一项有利于环境卫生的好事，受到广大居民的欢迎。为了使垃圾袋装化得到有效地推广，有关部门用再生塑料生产了廉价的马夹袋以供使用。但是，马夹袋软软的"站"不起来，使用起来很不方便。于是，有人发明了一种圆柱状，没有上下底的网状桶架，使用时把它放在马夹袋内。

这样，马夹袋就"站"起来了，袋口也张开了。这项小发明获得了专利。

后来，一位学生又对这项专利进行了研究，发现它有两个缺点：一是当垃圾装满后，从袋中把网状桶架拿出来时，会带出一些垃圾；二是如果袋内装的是鸡、鱼等带有水分的内脏时，会把网状桶架弄得很脏，得洗过后才能再用。于是，他完成了一件新的发明"马夹袋架"：把马夹袋放在马夹袋架里面，张开袋口，再把马夹袋的拎襻挂在架子上的挂襻上，这样使用起来就方便多了。

对上述发明进行研究后，另一个学生又发现了一个问题：这样的马夹袋架在使用时袋口一直是开着的，在冬天没有什么问题，可到了夏天就会招引来很多苍蝇。于是，他设计并完成了一件命名为"袋装化垃圾箱"的新发明。这件作品是对市售的一种推动式箱盖的塑料垃圾箱进行改进后制作完成的。箱体的两侧各装一个用来挂马夹袋拎襻的挂钩。在活动的箱盖和箱盖本体的相应位置上装有两副小磁铁，使活动的箱盖推板可以处于"常闭"和"常开"两种状态。这项发明在全国星火杯发明竞赛中获得了二等奖。

利用专利文献搞发明，实际上是一种寻找现有专利的知识空隙的方法。

四、专利研究创造法的应用要领

根据设想确定，具体步骤如下：

1. 确定研究课题和方向。

2. 查阅相关专利文献档案和资料。

3. 探索、对比和评价已有方案。

4. 找出专利文献的不足部分和错漏。

5. 研究改进方案，增加新的技术。

6. 制订正式课题研究计划，进行研究和试验。

7. 数学表达式为：$A \times ZL = C$。A 表示一种事物，ZL 表示专利文献，C 表示新一种事物。

第二节　创新思想

一、思维训练

有时最有帮助的设想就在你眼前，正如著名的探险家拉夫所说的："只有最愚蠢的老鼠才会藏在猫的耳朵里。但是只有最聪明的猫才会想起看看那里。"

有个典型的例子可说明人们错失明显之处。如果你研究一下 19 世纪 60 年代和 70 年代的自行车演变发展的过程，便会注意到两个轮子开始基本上是同样大小，但随着时间流逝，前轮变得越来越大，而后轮变得出奇的小。原因是那时车蹬是直接与前轮连在一起的。因为那时没有传动链条（没有人想到过它），让自行车跑得快的唯一办法是把前轮做得越来越大。这一趋势的最终结果是给这种大小轮自行车装上一个直径达 1.5 米的大前轮。可想而知，它们并不是很安全的。

整个发展过程最稀奇的事是制造一种更好、更安全的自行车，办法就摆在发明者们的面前。他们自己制造的自行车就应用了链传动工艺！最后，有人一抬头发现了这一明显的联系。他问道："为何不用链条带动后轮呢？"H. J. 劳森第一个造出了这种式样的自行车。仅仅几年，这种安全的自行车便取代了"大小轮"自行车。

问问你自己：我面前就有什么资源？

目前我国已收藏有 300 多万份专利文献资料，充分利用、开发专利文献这一创造发明的情报源，可以防止因盲目定主题、盲目设计而造成的重复劳动。

请列举 1～2 件生活中的专利发明实例，找出它们的缺陷，设法改进它们，看能否产生新的功能。

专利物品名称	可以改进部分	可以增加的部分	改进后产生的新物品	新名称

二、发明家的思维模式

张艺谋看电影，看什么内容？理发师看演出，看什么内容？服装设计师看电视，看什么内容？很多人同看一个物品，发明家会注意哪方面？发明家应该想到这个物品是否是专利产品，上网查一查，有什么创新之处，是否可以应用到其他方面，有什么不足之处，是否可以改进成一种新产品。发明家的思维与普通人的思维不同之处在于关注的方向不同，深入程度不同，思维模式不同。

三、发明家的行为模式

发明家应该像工程师一样反复研究和实验，探索解决问题的最佳方案。不怕失败，反复研究是工程师的特质。一个同学设计了一个防盗报警器，实验之后，效果不佳，你认为还有必要继续实验和研究吗？不怕失败应该成为发明家的特质，在失败中探究，才可能探究出有价值的发明方案。

第六章

国家专利发明方案设计实例

第一单元　中国青少年创造力大赛赛区选拔赛、 校内选拔赛知识产权竞赛试题

当地评委评分：＿＿＿＿＿＿　　获奖等级：＿＿＿＿＿＿

获一、二等奖的试卷，寄到中国青少年创造力大赛组委会，推荐申请国家专利和国家著作权证书。

以下部分由参赛学生认真填写：

学校名称		班　　级	
姓　　名		邮政编码	
姓名的拼音		家长电话	
学校地址		QQ 号码或邮箱	

一、问答题（每题 50 分）：

1. 我国专利法规定的"发明人""设计人""申请人""专利权人"，有何区别？

答：

2. 在我国申请专利需要哪些费用？你所在的城市或地区是否有知识产权管理机构（局)？是否有资助专利申请费用的政策？

答：

3. 你申请过专利吗？申请了几项？申请专利的目的是什么？如果至今没有过专利申请，原因是什么？

答：

4. 你所在的学校，哪位老师给你讲过发明知识？如果没有，你自学过发明方法吗？你参加过哪届中国青少年创造力大赛全国总决赛？今年的全国总决赛你想参加吗？参加的原因是什么？

答：

5. 在我国，不适合著作权法保护的对象有哪几种？

答：

二、创意发明设计题（50 分）：

请完成一项创意发明设计方案，此方案将成为申请国家专利和著作权证书的依据，请认真填写。

创意发明设计方案

学校名称		班　级	
姓　　名		邮政编码	
姓名的拼音		家长电话	
学校地址		QQ 号码或邮箱	
发明名称			
附图绘制要求： 1. 附图为线条示意图； 2. 图中各部分标记应当使用阿拉伯数字编号； 3. 直线部分用直尺作图； 4. 绘图部分，请使用铅笔			
附图说明： 标注各组成部分的名称	1. _____, 2. _____, 3. _____, 4. _____, 5. _____, 6. _____。		
其特征是： 说明各组成部分的关系			
有益效果是： 说明功能与作用			
修改意见	申报专利时，是否同意专业人员修改本设计方案： □同意　　□不同意。　　签名：　　　日期：		

身份证复印件粘贴处

(用于专利申请或著作权登记)

参考实例：

创意发明设计方案

学 校 名 称		班　　级	
姓　　名		邮政编码	
姓名拼音		家长电话	
学校地址		QQ 号码或邮箱	
发明名称	多功能储物柜		
附图绘制要求： 1. 附图为线条示意图； 2. 图中各部分标记应当使用阿拉伯数字编号； 3. 直线部分用直尺作图； 4. 绘图部分，请使用铅笔	多功能储物柜 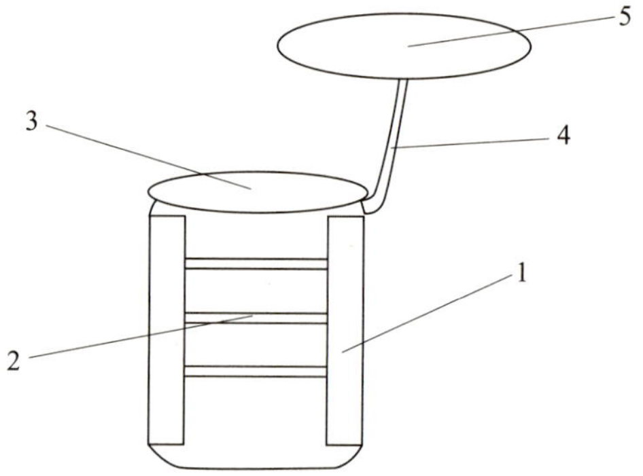 		
附图说明： 标注各组成部分的名称	1. 圆柱形储物柜, 2. 隔板, 3. 座椅, 4. 支撑架, 5. 电脑托盘, 6. _____		
其特征是： 说明各组成部分的关系	圆形储物柜 1 里边设有隔板 2，圆形储物柜 1 和座椅 3 相连接，座椅 3 上连接支撑架 4，支撑架 4 上安装电脑托盘 5		
有益效果是： 说明功能与作用	提供多功能储物柜，储物柜下边为半开放式，隔板可放置许多东西，储物柜顶部为座椅，电脑托盘可以方便放置笔记本		
修改意见	申报专利时，是否同意专业人员修改本设计方案： □同意　　　□不同意。　　签名：　　　日期：		

附　录

国家知识产权局 教育部关于开展全国 中小学知识产权教育试点示范工作的通知

各省、自治区、直辖市及新疆生产建设兵团知识产权局、教育厅（委、局）：

按照《国家知识产权战略纲要》以及《深入实施国家知识产权战略行动计划（2014—2020）》的有关要求，国家知识产权局、教育部决定开展全国中小学知识产权教育试点示范工作，现将《全国中小学知识产权教育试点、示范工作方案（试行）》（以下简称《工作方案》）印发，请贯彻执行。

根据《工作方案》，将分批次组织全国中小学知识产权教育试点学校、示范学校的申报和认定。首批拟认定 30 至 50 所"试点学校"。各省（区、市）知识产权局需会同教育厅（委、局）认真做好组织申报工作，并按照《工作方案》规定的条件推荐 3~5 所试点学校。请于 2015 年 11 月 20 日前将《全国中小学知识产权教育试点学校申报表》一式四份及电子件报送至国家知识产权局办公室。

特此通知。

附件：1. 全国中小学知识产权教育试点示范工作方案（试行）

2. 全国中小学知识产权教育试点学校申报表

国家知识产权局　教育部

2015 年 10 月 27 日

附件 1

全国中小学知识产权教育试点示范工作方案（试行）

为进一步培养中小学生的创新精神和知识产权意识，为创新型人才培养提供基础性支撑，制定本方案。

一、指导思想

深入贯彻党的十八大和十八届三中、四中全会精神，按照《国家知识产权战略纲要》以及《深入实施国家知识产权战略行动计划（2014—2020）》的要求，通过培育一批能带动全国中小学知识产权教育工作的试点、示范学校，让青少年从小形成尊重知识、崇尚创新、保护知识产权的意识，并充分发挥中小学知识产权教育的辐射带动作用，形成"教育一个学生，影响一个家庭，带动整个社会"的局面，增强全社会的知识产权意识，营造"大众创业、万众创新"的良好社会氛围。

二、主要任务

国家知识产权局联合教育部在全国具备一定条件的中小学中开展知识产权教育试点、示范学校的认定和培育工作，通过试点促推广，通过示范促深化，整体推进全国中小学知识产权教育工作。通过开展知识产权教育，落实国家知识产权普及教育计划，整体提升青少年的知识产权意识；通过学校开展知识产权教育实践，为学生发明创造、文艺创作和科学实践提供施展平台，培养学生社会责任感、创新精神和实践能力。

三、目标与步骤

到 2020 年，在全国建成 100 所知识产权教育工作体系较为完善，知识产权教育工作规范化、制度化，知识产权教育成效明显的"全国知识产权教育示范学校"。

2015—2018 年，每年组织申报评定"全国知识产权教育试点学校"30—

50 所。

2017—2020 年，每年从试点满两年的学校中评定出 25 所"全国知识产权教育示范学校"。没有进入示范的试点学校在 2020 年前将继续进行试点。

四、申报与审批

（一）申报条件

1. 试点学校申报条件。

（1）学校所在地政府部门支持知识产权教育工作；

（2）校领导重视以知识产权教育为主要内容的创新教育；

（3）已开展或计划开展知识产权师资队伍的培育工作；

（4）已开设或计划开设知识产权教育课程；

（5）积极支持并组织开展普及知识产权知识的体验教育和实践活动；

（6）积极开展发明创新、文艺创作等竞赛活动，鼓励和激发中小学生的创新热情；

（7）积极组织师生员工参加省内外的青少年发明创新比赛。

2. 示范学校评定条件。

（1）学校所在地政府部门重视知识产权教育工作并有扶持措施；

（2）申报学校为中小学知识产权教育试点学校且试点满 2 年；

（3）知识产权教育工作体系较为完善，知识产权教育工作规范化和制度化；

（4）拥有一支能熟练开展发明创造和知识产权教育工作的专兼职师资队伍；

（5）制订较为明确、合理的课程计划，在合适的年级定期进行知识产权教育；

（6）利用学校网络、宣传橱窗、墙报、校报等平台，发挥学生团体的积极作用，深入开展知识产权体验教育和实践活动；

（7）建立对学生发明创造的激励机制和奖励制度，鼓励和支持学生创新成果获得知识产权保护；

（8）积极开展中小学知识产权教育的教学研究工作；

（9）知识产权教育成效明显，师生知识产权意识不断增强，学校发明创新活动积极踊跃。

（二）审批程序

1. 申报试点、示范的学校，应据实填写申报表，制定工作方案，经所在省知识产权管理部门会同主管教育行政部门推荐报国家知识产权局。

2. 国家知识产权局、教育部组成"全国知识产权教育试点示范学校考核评定小组"，依据本工作方案对各省上报的学校进行考核、评定，确认试点和示范学校。

3. 对被确认的试点和示范学校，国家知识产权局、教育部联合印发批准文件。

五、扶持措施

（一）对纳入试点、示范的学校，由国家知识产权局给予适量的引导经费，省知识产权管理部门给予一定配套支持经费，专项用于知识产权教育工作。

（二）对试点、示范学校的授权专利，鼓励地方酌情给予奖励。

（三）对试点、示范学校的发明专利申请依照《发明专利申请优先审查办法》予以优先审查。

（四）对试点、示范学校从事知识产权教育的教师进行相关业务知识培训。

（五）对试点、示范学校提供远程知识产权教育资源。

（六）为各试点、示范学校提供知识产权教育出版物。

（七）充分利用报刊、网络、电视等新闻媒体，对试点、示范学校的先进做法和成功经验进行广泛宣传推广。

（八）适时组织试点、示范学校师生开展国内外知识产权教育交流活动。

六、组织管理与考核评价

（一）国家知识产权局、教育部负责全国中小学知识产权教育试点示范工作的总体规划、统筹协调、培育、认定和指导，并成立"全国知识产权试点示范学校考评小组"（以下简称"考评小组"）。"考评小组"负责试点、示范学校的评定及考核。具体工作由国家知识产权局办公室负责联络。

国家知识产权局 教育部关于开展全国中小学知识产权教育试点示范工作的通知

（二）根据工作安排，由省知识产权管理部门会同主管教育行政部门组织申报，在自愿申报、地方推荐和组织考评的基础上，确定试点、示范学校。教育部对试点示范学校参加评先评优、表彰奖励等活动在同等情况下给予优先考虑。

（三）国家知识产权局负责筹集试点示范引导资金，落实扶持措施，分阶段对试点、示范学校的知识产权教育工作进行检查。

（四）各省（区、市）知识产权局、教育厅（局）应积极争取当地政府及各有关方面的支持，落实配套资金，并按照本方案负责本地区的知识产权教育试点工作。主要负责全省中小学知识产权教育的组织开展和推广工作，指导学校设置知识产权课程，帮助学校培养知识产权授课教师，积极组织试点、示范学校教师员工开展知识产权教学研究和经验交流。

（五）在试点示范期内，各试点、示范学校应建立和健全知识产权教育工作体系，使知识产权教育成为学生素质教育的有机组成部分，形成教学有师资、学习有课时、体验有平台、创新有激励的良好氛围，确保师生知识产权意识和能力得到显著提高。

（六）试点、示范学校每年进行一次知识产权教育工作总结，通过省知识产权管理部门以书面形式向"考评小组"提交年度工作报告和次年工作计划。

试点期限为两年。试点期满后，将组织考核，并公布考核结果。考核结果分为不合格、合格、良好和优秀 4 个等级。考核结果优秀的试点学校认定为全国知识产权教育示范学校；考核结果合格、良好的学校继续进行试点，并每年参加考核；对考核不合格的学校，取消其试点学校资格。

示范学校不设期限，"考评小组"每两年对示范学校进行一次考核。考核结果分为不合格、合格、良好和优秀 4 个等级，对考核不合格的学校，取消其示范学校资格。

（七）学校在申报材料中弄虚作假的，经调查确认后，将取消其申报资格；已被认定的，撤销试点示范学校资格。

附件2

全国中小学知识产权教育试点学校申报表

学校签章：　　　　　　　　　　　　编号：

申报学校				
通讯地址			邮　编	
校长姓名		电　话		
联系人姓名		电话/传真		
手机		E－mail		
学校教师人数：　　　人		知识产权教师人数：　　　人		
学生人数：　　　人		接受知识产权教育人数：　　　人		
校领导重视以知识产权教育为主要内容的创新教育的情况：				
学校开展知识产权教育师资队伍培育情况：				
学校开展知识产权教育情况：				
支持组织开展与知识产权教育相关的体验和实践活动情况：				
学校开展发明创新、文艺创作等竞赛活动及组织师生参加省内外的发明创新比赛情况（活动名称、举办单位、参赛作品及获奖情况、专利申请与授权情况）				
推荐意见： 　　　省（区、市）知识产权局 　　　　　　　年　月　日		推荐意见： 　　　省（区、市）教育厅（委、局） 　　　　　　　年　月　日		

国家知识产权局办公室 教育部办公厅 关于确定首批全国中小学知识产权 教育试点学校的通知

国知办发办字〔2015〕26 号

各省、自治区、直辖市及新疆生产建设兵团知识产权局、教育厅（教育局、教委）：

按照国务院办公厅转发《深入实施国家知识产权战略行动计划（2014—2020 年）》（国办发〔2014〕64 号）关于"建立若干知识产权宣传教育示范学校"的要求，国家知识产权局、教育部联合印发《关于开展全国中小学知识产权教育试点示范工作的通知》（国知发办字〔2015〕60 号），组织申报首批全国中小学知识产权教育试点学校。截至申报截止日，共有 26 个省（区、市）的 111 所学校提交了有效申报材料。经评审，确定中国人民大学附属中学等 30 所学校为"全国中小学知识产权教育试点学校"，试点时间自 2015 年 12 月至 2017 年 12 月。

请各有关省级知识产权局、教育厅（局、委）按照《关于开展全国中小学知识产权教育试点示范工作的通知》及《全国中小学知识产权教育试点示范工作方案（试行）》要求，指导首批全国中小学知识产权教育试点学校制定 2016 年知识产权教育工作计划及实施方案，于 2016 年 1 月 22 日前统一报送国家知识产权局办公室，并不断加大指导和支持保障力度，切实落实各项措施，确保工作取得实效。

特此通知。

附件：首批全国中小学知识产权教育试点学校

国家知识产权局办公室

教育部办公厅

2015 年 12 月 28 日

附件

首批全国中小学知识产权教育试点学校（排名不分先后）

中国人民大学附属中学	北京市昌平区南邵中学
天津市实验小学	天津市滨海新区汉沽第九中学
河北省石家庄市第九中学	辽宁省凤城市第一中学
吉林省第二实验学校	黑龙江省哈尔滨市继红小学
同济大学附属七一中学	上海市七宝中学
江苏省江阴市华士实验中学	浙江省杭州市艮山中学
福建省厦门第六中学	福建省福州第三中学
山东省济南市历城第二中学	山东省济南市经十一路小学
河南省第二实验中学	湖南省长沙市长郡芙蓉中学
广东省佛山市南海区九江镇初级中学	广东省佛山市顺德区李伟强职业技术学校
广西壮族自治区南宁市滨湖路小学	广西壮族自治区南宁市第二中学
海南省海南华侨中学	重庆市兼善中学
四川省成都市双庆中学校	云南省昆明市官渡区第五中学
西安交通大学附属中学	西北师范大学附属中学
宁夏回族自治区银川一中	新疆生产建设兵团第二师华山中学

附录三

申报全国中小学知识产权
教育试点学校成功实例

全国中小学知识产权教育试点学校申报表

学校签章：   编号：

申报学校	佛山市南海区九江镇初级中学			
通讯地址			邮 编	
校长姓名		电　话		
联系人姓名		电话/传真		
手　机		E－mail		
学校教师人数：121 人　　　知识产权教师人数：6 人				
学生人数：1560 人　　　接受知识产权教育人数：1560 人				

校领导重视以知识产权教育为主要内容的创新教育的情况：

　　建立领导机构。我校成立了科技处的行政管理机构，具体负责科技创新和知识产权教育，使科技创新和知识产权教育有规划、有监控、有指导和评价等一系列保障机制，使科技创新和知识产权教育正规化、常态化。

　　开发知识产权教育课程。我校每年在初一和初二开设知识产权教育校本课程至少四节，内容有知识产权知识 ABC、正版与盗版、发明与专利等。

　　奖励知识产权创新成果。我校鼓励师生重视科技创新和知识产权保护，如每年举办知识产权知识竞赛，评选校园十大科技之星，对在科技创新比赛中获奖和获得专利的同学给予奖励。

学校开展知识产权教育师资队伍培育情况：

　　重视科技教师队伍建设。我校对具有创新能力及潜力的老师，采取"给路子、压担子"的方式，有意识地安排科技创新和知识产权教育课程，并通过专项经费对创新有成效的老师实施专项奖励，建设了一支专职和兼职相结合的知识产权教育师资队伍。

　　抓好知识产权教育培训。通过"派出去、请进来"的培训方式，培训知识产权教育的师资，提升他们的科学素质和业务水平，使他们能胜任工作，保证科技创新和知识产权教育走上正常化、制度化、正规化。

　　加强知识产权教育研究。通过叙事研究、行动研究、案例研究、教学反思及教学评价等方面进行研讨，为知识产权教育在理论与实践之间架起沟通的桥梁，促进科技教师在业务领域快速成长。

学校开展知识产权教育情况：

　　一、重视知识产权教育机制建设

　　学校成立了科技处，专门负责知识产权教育工作体系。科技处定期召开会议，部署知识产权教育的具体工作；每年制订本校知识产权教育工作方案，并有年度知识产权教育工作总结；拥有一支能熟练开展知识产权教育工作的专兼职师资队伍。

　　二、开发知识产权教育校本课程

　　我校的知识产权教育课程体系内容较完整，主要包括课程目标、课程纲要、课程内容和课程评价等方面。能做到理论与实际相结合，采用形式多样的教学模式，深入开展知识产权教育工作，如每学年开设了不少于 4 学时的知识产权教育校本课程和地方课程，有计划地开设知识产权教育专题讲座和比赛，到九江酒厂进行知识产权调研活动：认识商标及注册过程、了解创新与知识产权保护的情况。

　　三、创新知识产权教育模式

　　我校积极探索科技创新和知识产权教育模式，成功总结了知识产权教学的"八个一"活动，这"八个一"分别是："讲一讲"，请学生讲自己对知识产权的亲身见闻；"找一找"，找身边知识产权、企业品牌的故事等；"走一走"，采访参观九江的品牌企业、专利发明人；"议一议"，号召全校师生对正版和盗版展开讨论；"做一做"，进行小发明、小商标、小论文比赛活动；"听一听"，请有关专家进行知识产权专题讲座；"赛一赛"，开展知识产权知识和创新比赛；"评一评"，评谁是保护知识产权宣传标兵。通过这些活动的开展，学生了解了知识产权的基础知识，增强了尊重和保护知识产权的自觉性。

　　四、建设科技校园文化

　　我校注重科技校园文化建设，努力营造良好的知识产权普及教育氛围。科技广场的 12 位中外大科学家如爱迪生、爱因斯坦和詹天佑等的雕塑令人崇敬；科技长廊的知识产权知识介绍、影响人类社会发展的三大科技发明史给人启迪，历届获国家最高科技奖的科学家事迹催人奋进；科技大道展现了我校历届科技节和各项科技活动的精彩镜头，为科技之星制作了一个宣传牌子，还展现了每个获得专利的内容和发明者的人头像；校报《九江镇中学科技报》每 2～3 个月出版一期；2007 年出版《科技与创新》校本教材（科学教育出版社出版），2015 年 10 月在清华大学出版社出版《青少年科技创新实践》。

五、奖励知识产权创新成果

我校制定了知识产权教育的考评制度和奖励制度，对教师和学生在知识产权方面取得的成绩进行奖励和表彰。教师或辅导学生获得发明专利的，可作为年度评优评先的条件；学生获发明专利的，学校进行了奖励和表彰。

支持组织开展与知识产权教育相关的体验和实践活动情况：

我校积极组织开展与知识产权教育相关的体验和实践活动，主要有：

1. 小发明家活动。成立了小发明家协会，在校本课程、协会活动和兴趣小组活动时开展工作。从 2006 年至今，我校的小发明活动共获得国家专利 69 项，获省级以上发明奖 37 项。

2. 创意大赛暨知识产权保护宣传教育活动。我校自 2007 年至今，每年组织知识产权保护宣传教育活动，每年参加省和全国的青少年创意大赛暨知识产权教育宣传活动，共有 92 位同学获得奖励，其中金奖 23 项，有 6 位老师获创新型教师，学校获中国创新型学校、世界创意人才先进组织单位。

3. 科技创新大赛。我校每年均参加省市区青少年科技创新大赛，还多次参加全国青少年科技创新大赛，参赛项目涵盖小发明、小论文、科学体验和科幻画。近十年我校共获省级以上科技创新大赛有 9 项，其中获国家级奖励 3 项。

4. 科学体验活动。成立了科学体验协会，在校本课程、协会活动和兴趣小组活动时开展工作。2008 年以来，我校多次参加全国青少年科学体验活动，其中 2008 年洪浩源同学获全国少年儿童科学体验活动一等奖第一名，并获五星级小实验家称号，2011 年参加全国少年儿童科学体验活动一等奖。

5. 头脑奥林匹克创新活动。头脑奥林匹克创新是一项科技与艺术创新的活动，我校自 2005 年开始开展这项活动，每年参加全国头脑奥林匹克创新活动，还五次赴美国参加世界头脑奥林匹克创新大赛，共获得全国二等奖或第二名以上项目 18 项，共获世界头脑奥林匹克创新大赛 4 个冠军、1 个亚军和 2 个最佳创造力奖，成为本项目比赛成绩最好的世界纪录学校。

学校开展发明创新、文艺创作等竞赛活动及组织师生参加省内外的发明创新比赛情况（活动名称、举办单位、参赛作品及获奖情况、专利申请与授权情况）：

一、积极开展创新活动

1. 发明创新活动。我校成立了小发明家协会，在校本课程、协会活动和兴趣小组活动时开展小发明和制作创作等工作。从 2006 年至今，我校的小发明活动共获得国家专利 69 项，获省级以上发明奖 37 项。

2. 文艺创作等竞赛活动。我校每年开展文艺创作活动，开展包含科技和艺术创新的头脑奥林匹克，参加全国和世界头脑奥林匹克创新项目活动，五次赴美国参加世界头脑奥林匹克创新大赛，共获得全国二等奖或第二名以上项目 18 项，共获世界头脑奥林匹克创新大赛 4 个冠军、1 个亚军和 2 个最佳创造力奖，成为本项目比赛成绩最好的世界纪录学校。

二、发明创新比赛成绩喜人

我校的发明比赛和相关活动取得优异成绩。从 2006 年至今，我校师生的发明作品或科教创新作品获国家专利 69 项，获省级以上发明奖 37 项，科技创新获省级以上奖励超过 200 项。每年开展包含艺术创新的头脑奥林匹克，参加全国和世界头脑奥林匹克创新项目，五次赴美国参加世界头脑奥林匹克创新大赛，共获得全国二等奖或第二名以上项目 18 项，获世界头脑奥林匹克创新大赛 4 个冠军、1 个亚军和 2 个最佳创造力奖，成为本项目比赛成绩最好的世界纪录学校。近八年我校师生的发明作品获专利授权节选如下：

时间	作品名称	专利号
2013.2	简易显微镜	201220202318.4
2013.9	带轮子的洒水器	201220586517.X
2013.9	新型熨衣板	201220586528.8
2013.9	新型化妆盒	201220583238.8
2013.9	新型防滑话筒	201220586526.9
2013.9	新型桌子	201220583222.7
2013.9	带双耳吊环的垃圾桶	201220583246.2
2013.9	带宠物窝的浴缸	201220586539.6
2013.9	带黑板的饭盒	201220583243.9
2011.12	全自动定时浇花器	201120545025.1
2009.12	观根节水花盆	200920050296.2
2007.12	放大观察养殖缸	200820042792.9
2008.9	儿童益智健身车	200720060937.3
2008.12	不混色的洗衣机	200720060940.5
2012.12	简易显微镜	201220202318.4
2007.12	一种风干凉衣架	200520055266.2
2007.12	发光音乐笔记本	200620154285.5
2007.12	可多用的婴儿床	200620154302.5
2007.12	汽车超重检测器	200620154283.6
2007.12	地板防潮器	200620154303.X
2007.12	自行车的方便车筐	200620154307.8
2007.12	快干凉衣架	200620154284.0
2007.12	装有牙膏的牙刷	200620154306.3

续表

时间	作品名称	专利号
2007.12	环保健身车	200620154301.0
2008.9	一种自行车	200720060946.2
2008.9	防盗锁口	200720060934.X
2008.9	防黏菜刀	200720060935.4
2008.9	一种蚊帐	200720060933.5
2008.9	一种雨伞	200720060941.X
2008.9	一种灯光装置	200720060930.1
2008.9	可伸缩风扇	200720060939.2
2008.9	双拉口纸巾盒	200720060943.9
2008.9	一种旅行箱	200720060932.0
2008.9	电子自动控水器	200720060936.9
2008.9	防水的汽车倒后镜	200720060942.4
2008.9	光控百叶窗	200720060931.6

时间	活动名称	举办单位	参赛作品	获奖情况
2011.8	第26届全国青少年科技创新大赛	国家教育部、科技部、国家知识产权局等	开展创意活动，促进创新发展	三等奖
2008.8	第23届全国青少年科技创新大赛	国家教育部、科技部、国家知识产权局等	放大观察养殖缸	二等奖
2009.8	第24届全国青少年科技创新大赛	国家教育部、科技部、国家知识产权局等	节水观根花盆	三等奖
2009.3	第24届广东省青少年科技创新大赛	广东省教育厅、科技厅、知识产权局	我们保护知识产权行动	省一等奖
2005.5	第20届广东省青少年科技创新大赛	广东省教育厅、科技教育协会	放飞科技梦想	省一等奖

时间	活动名称	举办单位	参赛作品	获奖情况
2007.7	第一届中国青少年创意大赛	中国教育学会、国家知识产权局	纸箱车竞速比赛	全国团体金奖
2008.7	第二届中国青少年创意大赛	中国教育学会、国家工商行政管理总局	防震环保屋	全国团体金奖
2008.11	第二届全国青少年创意总决赛暨绿色创意大赛	中国教育学会、国家工商行政管理总局	太阳能车速度比赛	国家金奖
2009.7	第三届中国青少年创意大赛	中国教育学会、国家工商行政管理总局	太阳能车速度比赛	二个全国一等奖
2010.7	第四届中国青少年创意大赛	中国教育学会、国家工商行政管理总局	太阳能车速度比赛	国家金奖
2011.7	第五届中国青少年创意大赛	中国教育学会、国家工商行政管理总局	太阳能车速度比赛	七个全国一等奖
2007.11	第五届"广东省少年儿童发明奖"	广东发明协会等	汽车超重检测器	省一等奖
2007.11	第五届"广东省少年儿童发明奖"	广东发明协会等	儿童益智健身车	省一等奖
2005.6	第三届广东省青少年发明比赛	广东省发明协会、少工委	激光防盗锁	省一等奖

三、科技特色建设成绩显著

我校积极创建科技教育特色，成绩显著。近七年我校因科技教育成绩突出获得省级以上荣誉超过 10 项，主要有：全国教育系统先进集体、中国创新型学校、中国当代特色学校、世界创意人才培养先进组织单位、中国少年科学院科普教育示范基地、中国头脑奥林匹克特色示范学校、广东省中小学知识产权教育示范单位、广东省青少年发明创造示范学校、广东省中小学科学体验活动示范学校。2012 年学校科技教育特色项目在南海区"创建特色学校"竞争性资金性资金竞争第一名，获政府扶持资金 100 万元，2015 年学校科技教育特色项目在南海区"创建特色学校"竞争性资金性资金竞争第三名，获政府扶持资金 70 万元。

四、知识产权教育获得社会好评

我校科技创新和知识产权教育的工作得到社会各界的好评，为我省甚至我国知识产权教育提供了一个成功范例。在 2007 年和 2009 年广东省知识产权教育师资培训中，我校应邀作专题讲座；2009 年全国知识产权教育研讨会在我校举行，我校应邀作专题讲座和上研讨课；2011 年我校的知识产权教育课在中央电视台播放；2007 年我校的知识产权教育做法和经验在《中国教育报》报道；2009 年我校的知识产权教育做法和经验在国家知识产权局网站介绍；2011 年我校在全国青少年创造力培养经验交流会上作专题讨论和上示范课，在世界创意节上示范课。

推荐意见：	推荐意见：
省（区、市）知识产权局 年　月　日	省（区、市）教育厅（委、局） 年　月　日

附录四

钟南山创新奖获奖名单

一、2013 年钟南山创新奖获奖名单

张涵瑞：山东省济南市经十一路小学，发明作品：简便潜水艇式鱼缸水过滤器

蔡远志：广西南宁市新兴民族学校，发明作品：香烟烟气净化机

杨子健：广东省广东实验中学，发明作品：多功能盲人遥控器

徐慧涵：云南省昆明市教育局中小学课外活动中心辅导教师

黄秀军：广东省广东实验中学科技辅导教师

何　斌：广东省深圳市光明新区实验学校科技辅导教师

郑炽钦：广东省广东实验中学校长

郭玉兰：山西省阳泉市新华小学校长

梁东毅：广西南宁市逸夫小学副校长

广东省广东实验中学

广东省深圳市第二高级中学

黑龙江省萝北县江滨农场学校

二、2014 年钟南山创新奖获奖名单

肖依林，等：广东省深圳市布吉高级中学，发明作品：高精度手持 PM2.5 速测仪

李天放：浙江省温州市第十二中学，发明作品：改进型防臭地漏

罗　霖：广东省广东实验中学，发明作品：老人安全宝——多功能智能雨伞

覃宝学：广东省深圳市福田区科技教育协会辅导教师

王　剑：广东省广东实验中学科技辅导教师
古　毅：重庆市上浩小学科技辅导教师
陈意曼：广西柳州市文惠小学校长
尹延荣：黑龙江省江滨农场学校校长
杜丽萍：陕西省西安市高新逸翠园学校校长
广东省深圳市光明新区实验学校
广西中央民族大学附中北海国际学校
广西柳州高级中学

三、2015 年钟南山创新奖获奖名单

王思惠：广西柳州高级中学，发明作品：工程车燃油箱透气盖的创新发明
李金阳、宋楠：辽宁省大连市第十一中学，发明作品：智能自动垃圾桶
吴昌城：贵州省毕节四小学，发明作品：多功能小课桌
周俐先：湖南株洲天台小学教师
李润华：河北省发明协会青少部教师
陈文俊：广东省深圳市龙岗区龙城小学教师
肖　琳：辽宁省大连市普通高中创新实践学校校长
肖惟根：湖南株洲天台小学校长
郑炽钦：广东省广东实验中学校长
广西柳州高级中学
河北省临城中学
云南省昆明市五华区瑞和实验学校

四、2016 年钟南山创新奖获奖名单

周洋、王志、何子谋、郭林鑫：广东省广州市恒福中学，发明作品：恒福
之星小卫星
张瑞月：宁夏吴忠市朝阳小学，发明作品：城市生态污水处理系统
吴极、张怡杭、张梓俊：广东省广东实验中学，发明作品：基于超声波诱
导的生态静雨菌剂治理系统
刘　佳：辽宁省大连市第十一中学教师
梁亦星：澳门特区澳门劳工子弟学校教师
魏丽真：福建省福州第三中学
全汉炎：广东省广东实验中学校长
杨永宏：宁夏吴忠市利通街第一小学校长
李献林：河北省曲周县第一中学

宁夏吴忠市吴忠中学

河北省临城中学

广东省广东实验中学

五、2016 年第四届钟南山创新奖参赛学校名单

重庆市华蓥中中学校

深圳市龙岗区横岗街道梧桐学校

广州外国语学校

重庆市渝高中学

广州市南沙东涌中学

广州市协和中学

广州市荔湾区双桥学校

广州市第八十六中学

普宁市华南学校

郑州市二七区汝河路小学

河南省实验中学

郑州市第十一中学

郑州市第一中学

广东省汕尾市陆河县实验小学

湖南省醴陵市第一中学

浙江省金华职业技术学院

广州市一中外国语学校

广州协和小学

广州市荔湾区汾水中学

广州市第四十七中学

大连市第十一中学

湖南省株洲市天元区天台小学

广州市越秀区旧部前小学

山东省沂南县第二中学

重庆市南岸区兴隆垮小学

宁夏灵武市第三小学

广州市逸景第一小学

山东省青岛市经济技术开发区实
  验初级中学

云南省玉溪第四小学

广东省广州市白云区黄边小学

北京师范大学卓越实验学校

内蒙古包头市包钢一中

广东省佛山市南庄吉利小学

山西省阳泉市新华小学

广东省廉江市第一中学

广东北江中学

广州大学附属中学

广东省轻工职业技术学校

宁夏吴忠市朝阳小学

广东省华侨中学

佛山市顺德区均安职业技术学校

广东省中山市华侨中学国际部

广东省云浮市新兴县实验中学

吉林省延吉市延河小学

大连金州高级中学

大连第八高级中学

湖南省株洲八达小学

重庆市南岸区上浩小学

广东东莞市企石镇中心小学

宁夏吴忠市利通街第一小学

广东佛山市同济小学

重庆市南岸区龙门浩小学校

广东实验中学附属天河学校

佛山市顺德养正学校

武汉小小科学家活动中心

广州市执信中学

贵州省毕节第四小学

澳门培正中学

山西省实验小学

广东佛山市和顺第一初级中学

吴忠市吴忠中学

石家庄市二中

河北省邢台市二十冶综合学校初
　　中分校

佛山市南海区大沥实验小学

河北省曲周县第一中学

大连市第十九中学

深圳市光明新区实验学校

广西柳州高级中学

河北省临城中学

安徽省阜阳市临泉二中南校

茂名市第十六中学

澳门劳工子弟学校

深圳市福田区华富小学

深圳市大学城西丽实验小学

深圳小学

河北省平山县温塘学校

浙江省瑞安中学

宁夏吴忠市裕民小学

广东省清远市华侨中学

广东肇庆中学初中部

宁夏吴忠市利通区第十一小学

广东肇庆中学高中部

广东实验中学顺德学校

深圳市罗湖区景贝小学

佛山市外国语学校

深圳市龙岗区清林小学

深圳市龙岗区龙城小学

黑龙江省江滨农场学校

广东实验中学

吴忠市利通区金银滩复兴学校

深圳市大鹏新区南澳中心小学

深圳龙岗平湖凤凰山小学

重庆市广益中学校

宁夏吴忠市利通区开元小学

宁夏吴忠市吴忠高级中学

新疆乌鲁木齐新疆生产建设兵团
　　第二中学

扬州中学教育集团树人学校

温州市黄龙第一小学

温州市南汇小学

温州市鹿城区实验小学

湖南省株洲市 601 中英文小学

云南省昆明市五华区瑞和实验
　　学校

宁夏银川市金凤区第三小学

佛山市九江镇初级中学

深圳市龙岗区平安里学校

广州中海康城小学

福州第三中学

福州高级中学

深圳市沙湾小学

株洲市 601 中英文小学